简单易懂的

双色双面元宝针编织

〔德〕贝恩德·凯斯特勒　著

蒋幼幼　译

河南科学技术出版社

·郑州·

目录

第3部分

作品的编织方法　98

◆图书印刷效果可能与实物存在一定色差，敬请谅解。
◆线材相关信息截至2021年10月。

前 言

编写本书的过程十分愉快。"双色双面元宝针"是一种独具魅力的编织方法，可以延伸出无穷的变化。一开始可能感觉这种编织方法既复杂又很难操作，其实基础的元宝针编织并不难。只要理解特定的规则，就会发现编织起来非常简单。希望本书可以证明这一点，并为大家打开通往元宝针编织世界的大门。

实际上，我第一次尝试元宝针编织时，也曾面临同样的问题，感觉"太难了……"。本书就是根据我的亲身经验编写的，应该可以帮助大家更好地掌握元宝针编织。

书中作品全部使用环针编织而成。因为本书的编写初衷主要面向初学者，希望大家可以从这里出发，循序渐进，进而挑战更难的作品。另外，书中也有一些难度稍大的原创花样，相信经验丰富的朋友也会有新的发现，尽情享受编织的乐趣。

双色双面元宝针编织就像是用2种颜色绘画，只要理解了滑针、挂针、正拉针、反拉针等基础针法，就可以用自己喜欢的颜色编织出独具特色的佳作。我们离这个双色双面元宝针编织的世界其实只有一步之遥。

最后，由衷感谢协助作品制作的后藤敬子老师和柳美雪老师。

贝恩德·凯斯特勒(Bernd Kestler)

It has been a lot of fun to make this book. Brioche is a fascinating knitting technique. It allows you to make endless pattern variations. Basic brioche knitting is not difficult. It all follows the same principles.

I know, in the beginning brioche knitting might look complicated, but trust me. Once you understand the basic rules, it will become very easy.

With this book I want to open the door for you to the world of brioche knitting. When I started I was facing the same problems. This book I hope will help you to master brioche knitting. Each project is getting a little more difficult, step-by-step. All projects are knitted in the round, which I think is much easier for beginners. I included very easy project for absulute beginners. Throughout the book they become more complex, so even veteran knitters can enjoy new patterns and items.

Brioche knitting is like painting with 2 colors. Once you understand the basic concept of yarn over, brioche knit and brioche purl, you have the freedom to create your own masterpiece. The world of brioche knitting is just another page away.

I like to thanks Keiko Goto and Miyuki Yanagi for their kind help.

本书使用工具

1. 环针

可以环形编织的针具。因为总是
看着正面编织，所以不易弄错，
编织起来更加轻松，这是环针的
一大特点。本书主要使用长度为
40cm 和 60cm 的环针。

※ 请使用比作品周长略短的环针。

2. 缝针

用于线头处理以及最后的收针。
有各种尺寸，请根据线的粗细选
择合适的缝针。

3. 5根一组的短棒针

用于起针数比较少的帽子等作
品。长度以 15~16cm 为宜。

4. 针数记号扣

在行与行的交界处等位置加
入记号扣，可以防止错位等
问题。

5. 行数记号扣

用于标记行数。也可以当作
针数记号扣使用。

基础编织方法

双色双面元宝针编织难不难？
当然，复杂的花样编织起来难度确实大一点，
而基础的双色双面元宝针编织其实很简单。
使用环针的凯斯特勒式基础编织方法分为5个
步骤。
从步骤1到步骤5，一步一步进行，
先来掌握基础的编织技法吧。

凯斯特勒式双色双面元宝针编织的五大要点

1 用环针编织

本书作品全部使用环针编织。用环针编织时，因为总是看着织物的正面，所以不易弄错，编织起来更加顺畅。

2 A色线与B色线总是保持相同的编织方法

A色线（奇数行）：重复编织正拉针→挂针和滑针。

B色线（偶数行）：重复编织挂针和滑针→反拉针。

3 加针和减针总是用A色线编织

因为A色线＝下针，所以只要学会下针的加针和减针方法即可。

4 与编织方法完全一致的编织图（针法符号）

因为不是跨2行或3行的拉针符号，所以每行只要按编织图编织即可。

5 织物的正、反两面均可使用

用2种颜色的线编织时，正面A色线较突出，反面B色线较突出，正、反两面均可使用。这正是双色双面元宝针编织的独特之处。

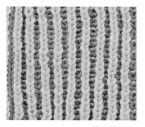
突出A色线的正面

突出B色线的反面

基础编织图的看法

下面介绍的是双色双面元宝针的基础编织方法,使用2种颜色的线编织,而且无须加减针。

※ 详细的编织方法请参照p.10。

最后一行编织完成后,用A色线做单罗纹针收针。

第3行用A色线重复编织"正拉针,挂针和滑针"。

第2行用B色线重复编织"挂针和滑针,反拉针"。

第1行用A色线重复编织"下针,挂针和滑针"。

用A色线按所需针数起针。此编织图的起针数是100针,所以这10针要重复10次。

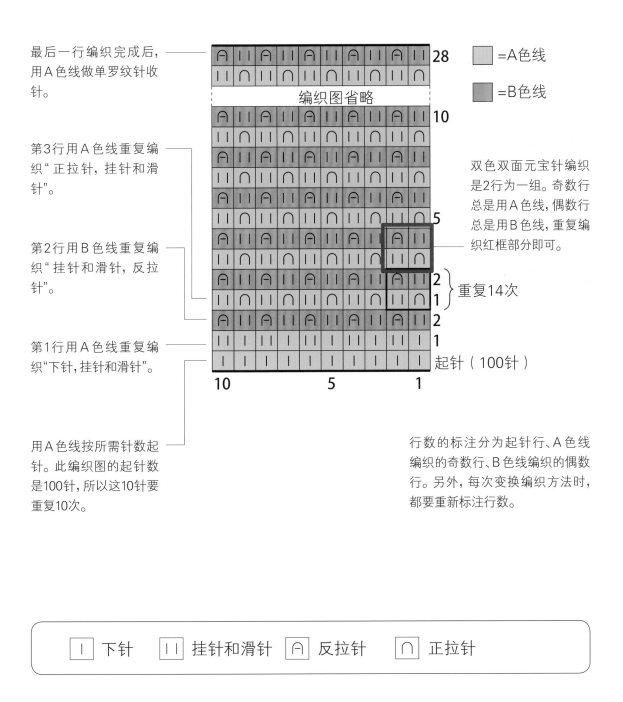

= A色线

= B色线

双色双面元宝针编织是2行为一组。奇数行总是用A色线,偶数行总是用B色线,重复编织红框部分即可。

重复14次

行数的标注分为起针行、A色线编织的奇数行、B色线编织的偶数行。另外,每次变换编织方法时,都要重新标注行数。

| | 下针 　 | | 挂针和滑针 　 ∩ 反拉针 　 ∩ 正拉针

第1步
起针

与普通的起针方法不同，
本书使用的是一种具有伸缩性的起针方法。
如果觉得很难……
也可以使用下面的"基础起针法"。

01 制作线环，穿入 2 根棒针后拉紧线环。

02 用棒针从下往上挑起拇指前面的线。

03 紧接着将棒针从上往下插入食指的 2 根线之间。

04 直接从拇指的2根线之间将食指上的线挑出。

05 松开拇指上的线，将线拉紧，第 2 针就完成了。重复步骤 **02~05**。

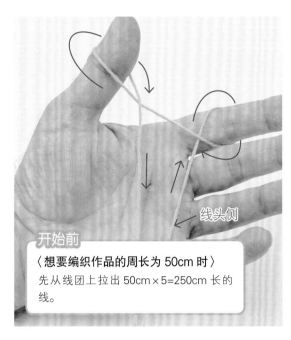

线头侧 ←

开始前

〈想要编织作品的周长为 50cm 时〉

先从线团上拉出 50cm×5=250cm 长的
线。

01 在拉出线的位置（250cm 处）握住线
头，如箭头所示将线依次绕在食指和拇
指上。

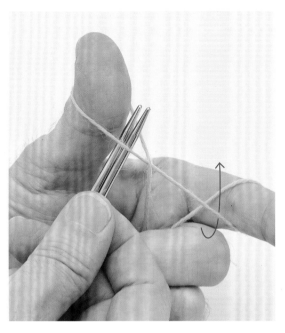

02 将 2 根棒针并在一起，挑起拇指前面的
线。接着如箭头所示挑起食指上的线。

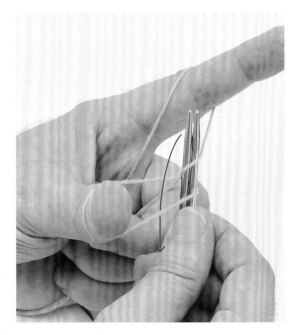

03 直接从拇指的线环中挑出。

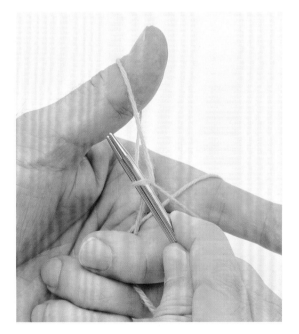

04 松开拇指上的线。

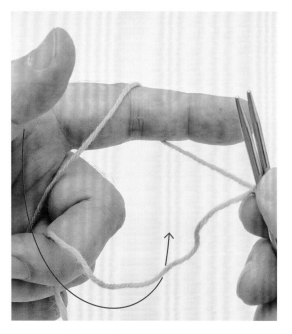

05 如箭头所示插入拇指。

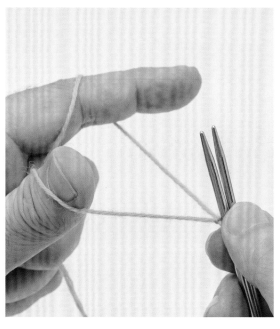

06 将线拉紧。

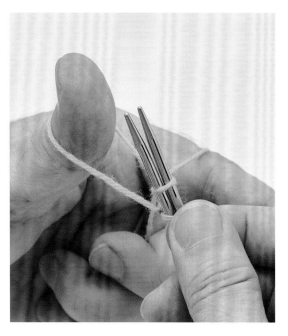

09 松开拇指上的线。

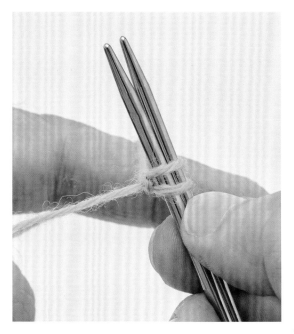

10 与步骤 **05** 一样，从线的下方插入拇指，将线拉紧，第 2 针的起针就完成了。

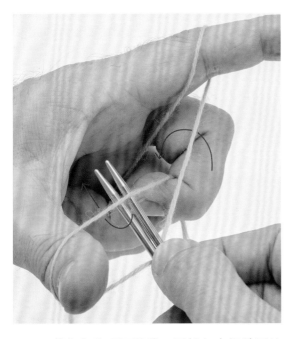

07 挑起拇指后面的线，再挑起食指前面的线。

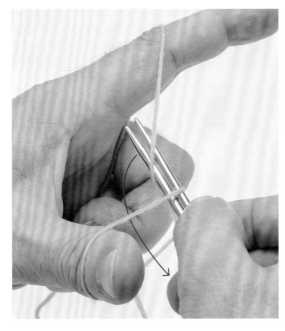

08 从拇指的线环中挑出。

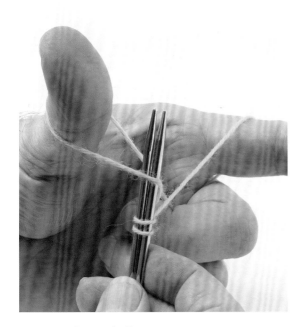

11 重复以上操作。

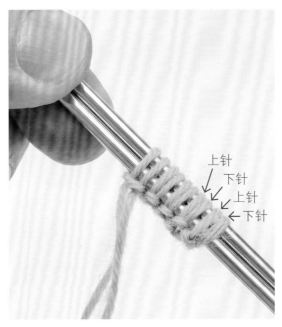

12 起好10针的样子。

上针
下针
上针
下针

第2步

第1~3行

（双色双面元宝针编织）

双色双面元宝针编织是2行为一组。

使用2种颜色的线时，

奇数行用 A 色线编织，

偶数行用 B 色线编织。

基础的针法符号

| 下针

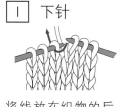  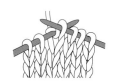

将线放在织物的后面，将右针从前面插入左针的针目里。 在右针上挂线，如箭头所示向前拉出。 一边拉出线，一边退出左针。

— 上针

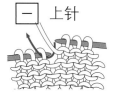  

将线放在织物的前面，将右针从后面插入左针的针目里。 在右针上挂线，如箭头所示向后拉出。 一边拉出线，一边退出左针。

| | 挂针和滑针　　Ａ 反拉针　　Ａ 正拉针

〈第1行／A色线〉

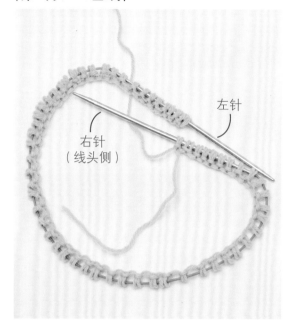

01 按所需针数起针后，抽出1根针，绕成环状。

▢ **下针**

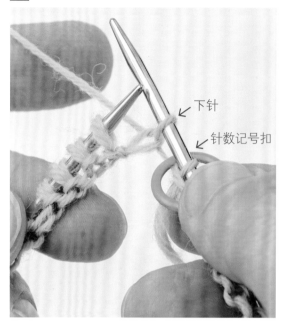

02 在右针上穿入针数记号扣，接着用与起针相同的A色线编织。第1针编织下针。

▯▯ **挂针和滑针**

03 第2针编织挂针和滑针（在第2针里入针，只是挂上线）。

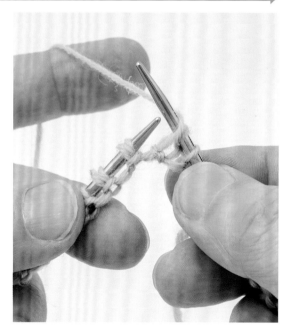

04 直接将针目从左针移至右针上。

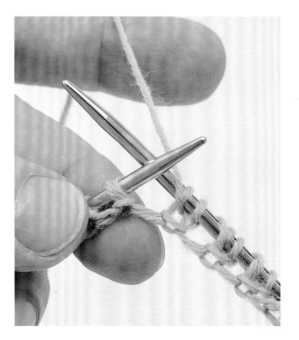

05 重复步骤 **02**、**03**（奇数针目编织下针，偶数针目编织挂针和滑针）。

06 编织 1 行后的状态。

A 反拉针

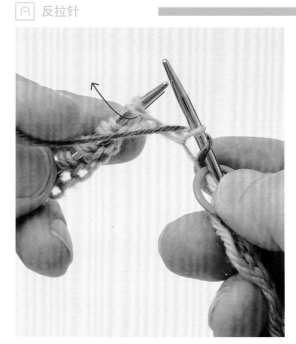

03 挂上线后直接将针目从左针移至右针上。

04 第 2 针在前一行的挂针和滑针里一起编织上针。

〈第 2 行／B 色线〉

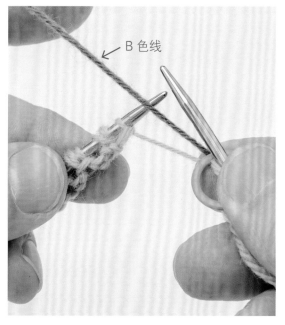

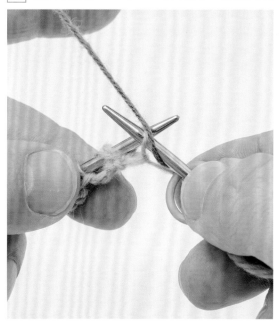

01 将针数记号扣移至右针上，换成 B 色线编织（偶数行用 B 色线，奇数行用 A 色线）。

02 第 1 针编织挂针和滑针。

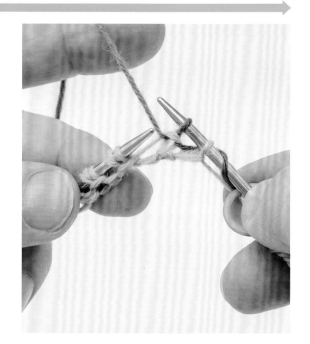

05 第 2 针完成后的状态。

06 重复步骤 **02~05**（奇数针目编织挂针和滑针，偶数针目编织上针）。

〈第2行不换线,仍用A色线编织的情况〉 挂针和滑针

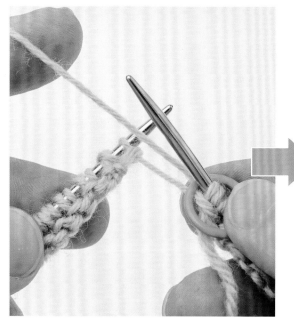

01 直接用A色线编织。

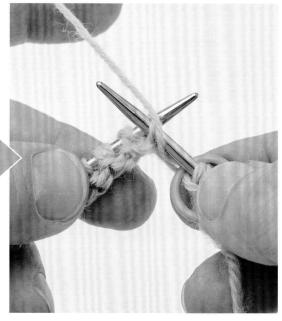

02 第1针编织挂针和滑针。

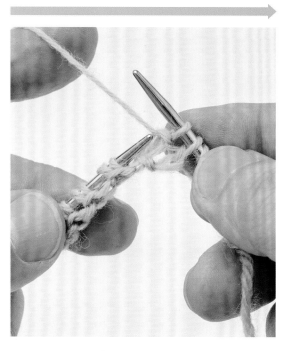

05 第2针完成后的状态。

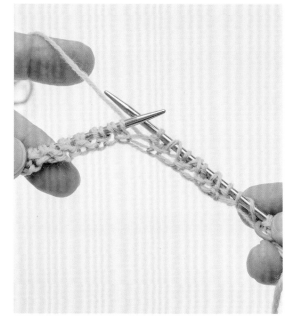

06 重复步骤**02~05**。

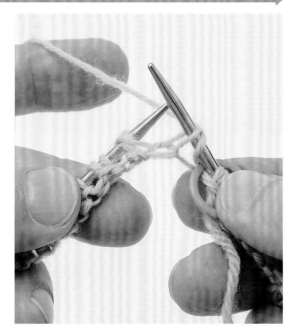

03 挂上线后直接将针目从左针移至右针上。

Ⓐ 反拉针

04 第2针在前一行的挂针和滑针里一起编织上针。

〈第3行／A色线〉

确认B色线挂在针上，以免脱落

01 换成A色线编织。

∩ 正拉针

02 第1针在前一行的挂针和滑针里一起编织下针。

03 第 1 针完成后的状态。

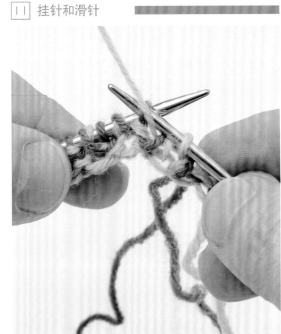

04 第2针编织挂针和滑针。

05 挂上线后直接将针目从左针移至右针上。

06 重复步骤 **02~05**。图中是正在编织第4行时的状态(B 色线)。

技巧 ① 中途线快用完时的接线方法

接新线时，因为怕麻烦，我们往往采取打结等方法。但是，线结在双面使用的元宝针织物中会很明显。这里就来介绍一种不会影响织物纹理效果的方法。

※为了便于理解，此处使用了2种颜色的线。

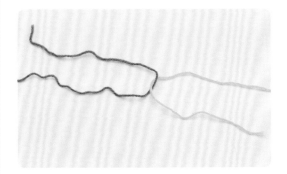

01 将2个线头交缠一下。

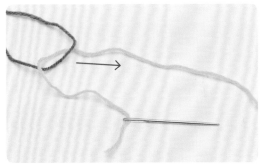

02 将其中1个线头穿入缝针。

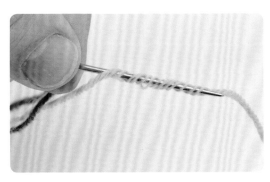

03 朝步骤 **02** 的箭头所示方向劈线穿针。

04 穿上 10cm 左右。

05 另一侧的线头也用相同方法，重复步骤 **02 ~ 04**。

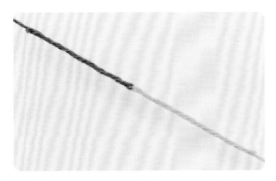

06 剪掉多余的线头，轻轻地向左右两边拉紧。

配色教程

下面介绍的是用A色线和B色线2种颜色的线做双色双面元宝针编织时的配色方案。

※A表示正面,B表示反面,后面的数字表示RICH MORE Percent线的色号。

〈同色系〉

这样的配色可以呈现颜色的深浅变化,非常漂亮。正、反面的差异恰到好处,给人雅致的感觉。

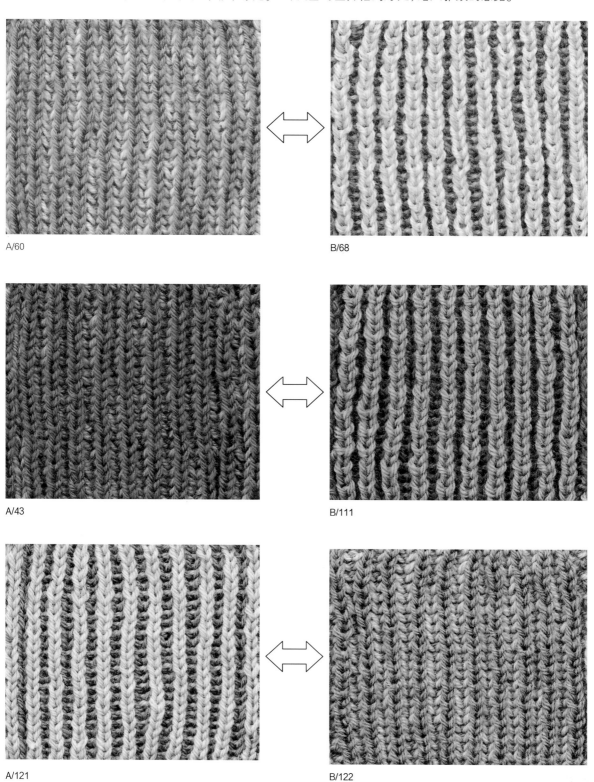

A/60

B/68

A/43

B/111

A/121

B/122

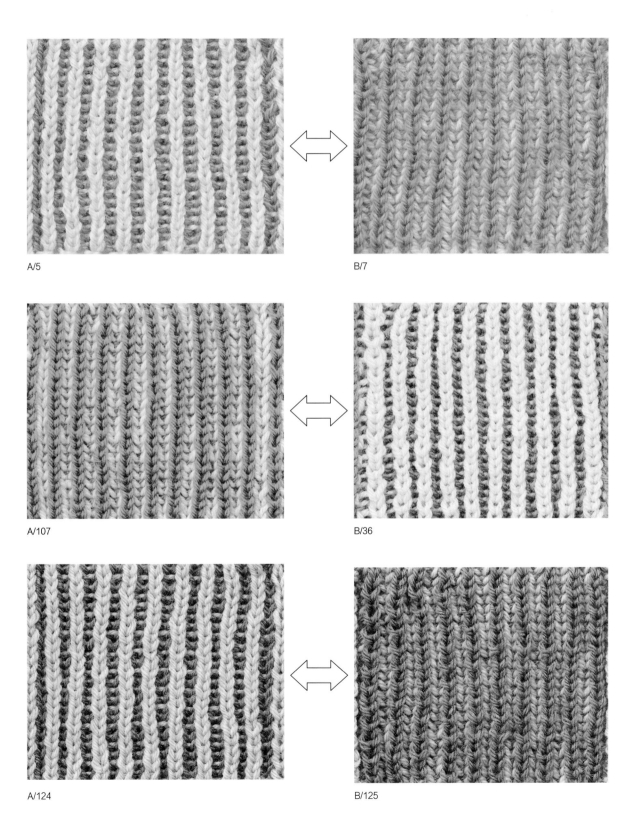

A/5

B/7

A/107

B/36

A/124

B/125

〈 暖 色 系 〉

使用红色和粉红色等暖色系的配色，给人可爱、柔美的印象。

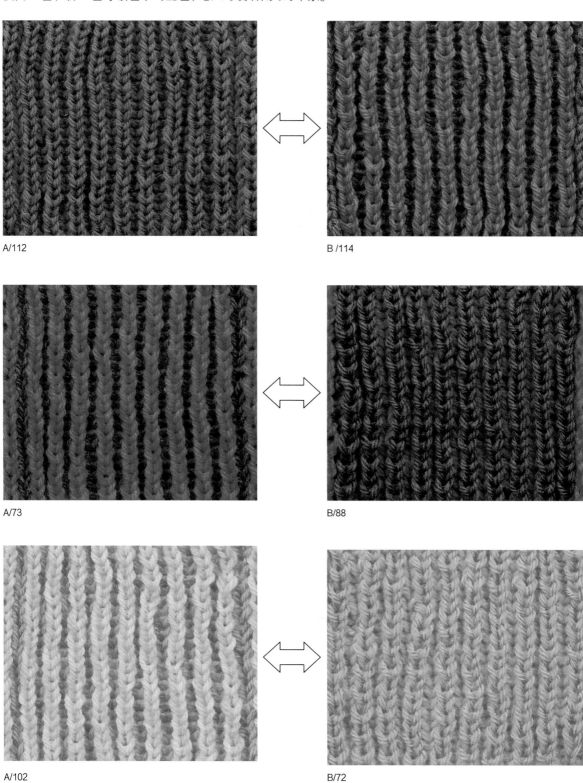

A/112

B /114

A/73

B/88

A/102

B/72

〈 冷色系 〉

使用蓝色和绿色等冷色系的配色，给人冷静、时尚的印象。

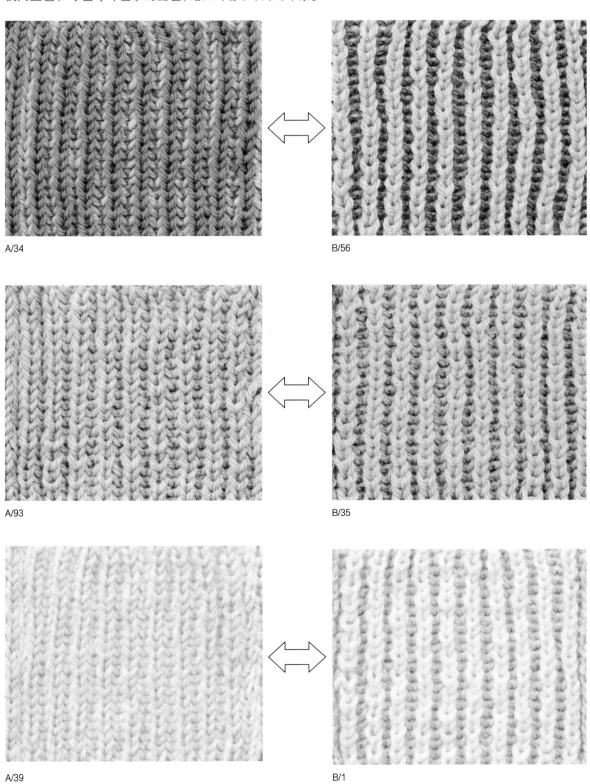

A/34

B/56

A/93

B/35

A/39

B/1

〈 撞 色 系 〉

2种截然不同的颜色搭配在一起。如果想要正、反面呈现强烈的对比效果,不妨试试这种配色。

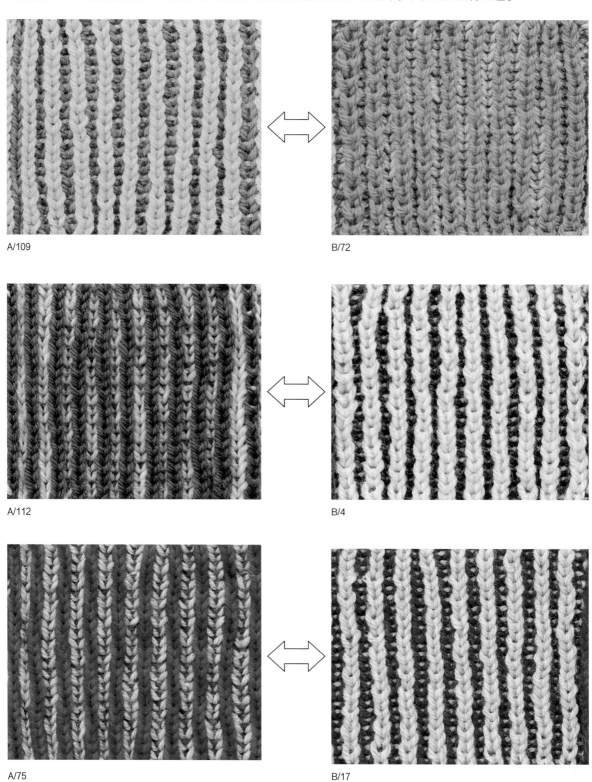

A/109

B/72

A/112

B/4

A/75

B/17

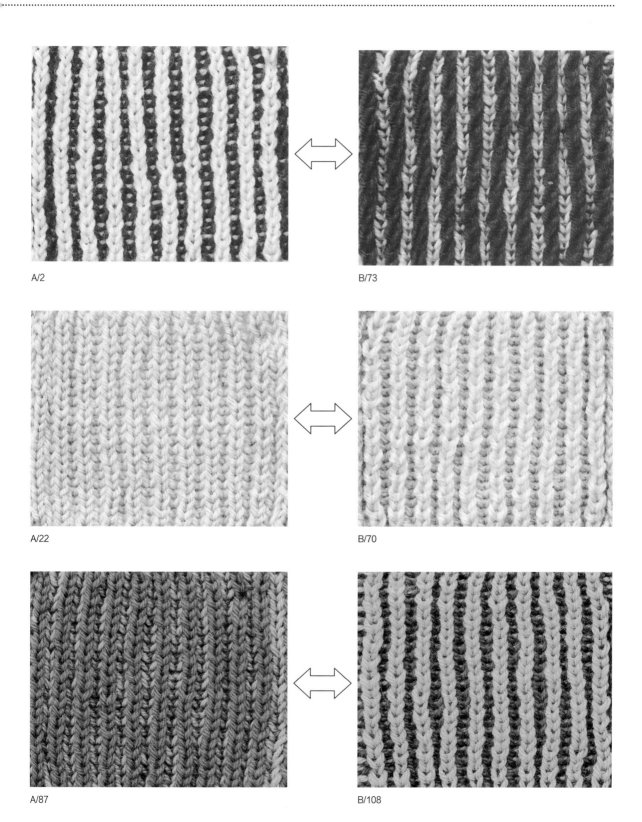

A/2

B/73

A/22

B/70

A/87

B/108

第3步

加针

加针在奇数行进行。

总是增加偶数针数，

比如1针放3针、5针、9针的加针。

※ 步骤详解图是在第17行(奇数行)加针。

1针放3针的加针（从1针加至3针）／A色线

01 在下一针里加针。

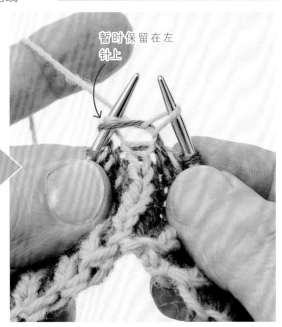

暂时保留在左针上

02 使用与起针相同的A色线编织。第1针编织下针。

03 在右针上挂线（挂针）。

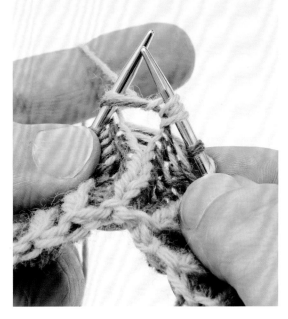

04 紧接着编织下针。

加至3针

05 完成3针后再取下左针上的针目。

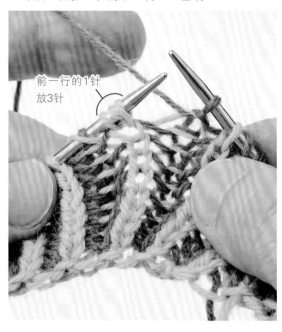

前一行的1针
放3针

01 下一行是第 18 行，所以换成 B 色线编织。

04 第 3 针编织挂针和滑针。

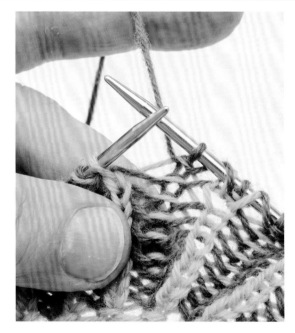

05 下一针在前一行的挂针和滑针里一起编织上针。

02 在前一行（第 17 行）1 针放 3 针的第 1 针里编织挂针和滑针。

03 第 2 针编织上针。

06 继续编织几行后的状态。

| I | O | I | O | I | 1针放5针的加针（从1针加至5针）／A色线

01 在下一针里加针。

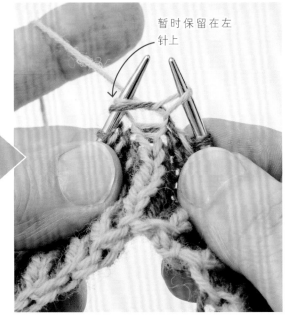

暂时保留在左针上

02 使用与起针相同的A色线编织。第1针编织下针。

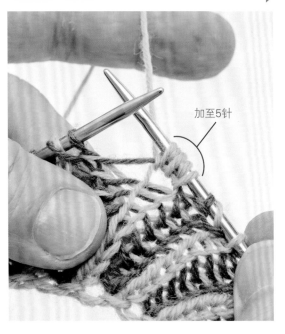

加至5针

05 重复"挂针、下针"，完成5针后再取下左针上的针目。

"1针放5针的加针"的下一行／B色线

前一行的1针放5针

01 下一行是第18行，所以换成B色线编织。

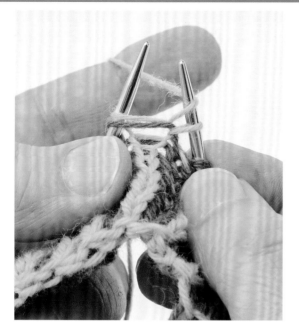

03 在右针上挂线（挂针）。

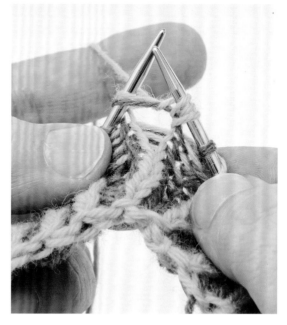

04 紧接着编织下针。

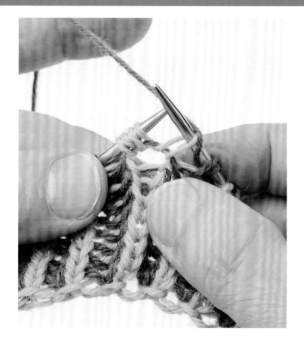

02 在前一行（第 17 行）1 针放 5 针的第 1 针里编织挂针和滑针。

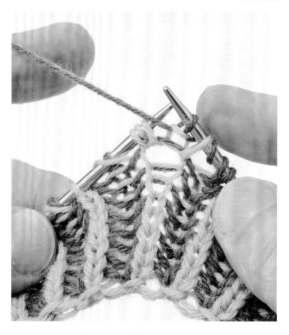

03 第 2 针编织上针。

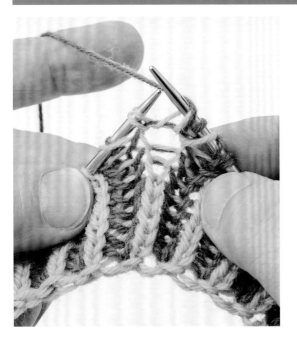

04 第 3 针编织挂针和滑针。

05 第 4 针编织上针。

08 继续编织几行后的状态。

06 第 5 针编织挂针和滑针。

07 下一针在前一行的挂针和滑针里一起编织上针。

| □ | I | O | I | O | I | O | I | O | I | □ | 1针放9针的加针（从1针加至9针）／A色线

01 在下一针里加针。

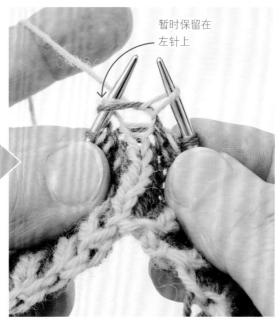

暂时保留在左针上

02 使用与起针相同的A色线编织。第1针编织下针。

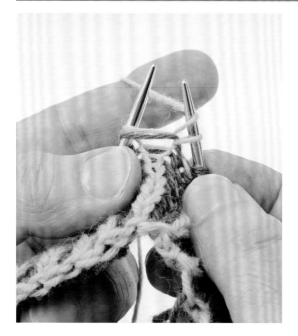

03 在右针上挂线（挂针）。

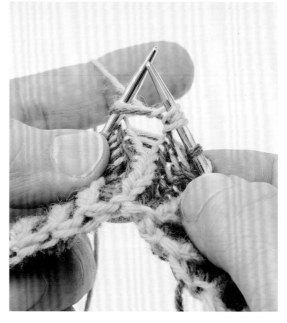

04 紧接着编织下针。

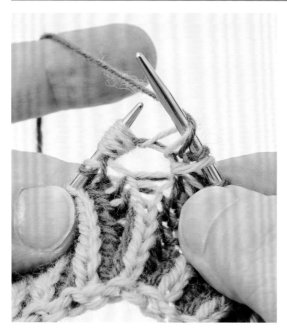

02 第2针编织上针，第3针编织挂针和滑针。

03 第4针编织上针。

"1针放9针的加针"的下一行／B色线

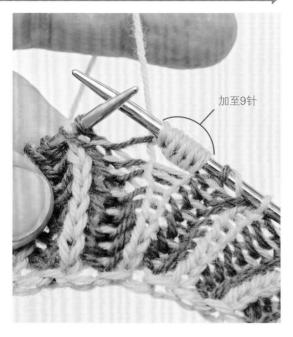

加至9针

05 重复"挂针、下针",完成9针后再取下左针上的针目。

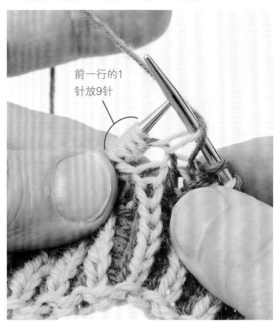

前一行的1针放9针

01 下一行是第18行,所以换成B色线编织。在前一行(第17行)1针放9针的第1针里编织挂针和滑针。

04 第5针编织挂针和滑针。

05 第6针编织上针。

06 第7针编织挂针和滑针。

07 第8针编织上针。

10 继续编织几行后的状态。

技巧 ②

前一行挂针脱落时的补救方法

双色双面元宝针编织中常见的失误是p.19步骤**01**中的挂针脱落。如果知道补救方法,即使挂针脱落也不必担心。

03 用左针挑起脱落的挂针。

08 第9针编织挂针和滑针。

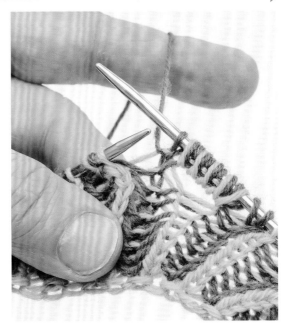

09 下一针在前一行的挂针和滑针里一起编织上针。

01 就像这样，前一行挂针脱落的情况。

滑针

02 将滑针移至右针上。

04 将右针的滑针移至左针上。

05 在挂针和滑针里一起编织。

第4步

减针

减针也在奇数行进行。

有下面2种减针方法：

左上3针并1针、右上3针并1针。

※步骤详解图是在第17行(奇数行)减针。

入 左上3针并1针（从3针减至1针）／A色线

第 1 针

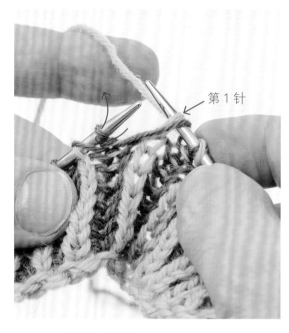

01 如箭头所示在第 1 针里入针。

02 直接移至右针上。

03 在第 2 针里编织下针。

04 如步骤 **03** 的箭头所示，将第 1 针覆盖
在第 2 针上（在第 1 针里插入左针，将
其覆盖在右针的第 2 针上）。

05 将第 2 针移至左针上。

06 将第 3 针覆盖在第 2 针上（在第 3 针里插入右针，将其覆盖在左针的第 2 针上）。

左上3针并1针的下一行／B色线

01 下一行是第 18 行，所以换成 B 色线编织。在前一行（第 17 行）减针后的 1 针里编织挂针和滑针。

02 下一针在前一行的挂针和滑针里一起编织上针。

07 覆盖针目后的状态。

⟋ 右上3针并1针（从3针减至1针）／A色线

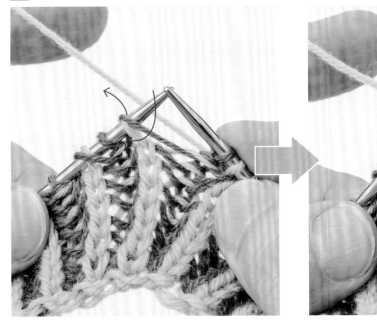

01 如箭头所示在第 1 针里入针。

02 直接移至右针上。

03 如步骤 **02** 的箭头所示入针，在第 2 针和第 3 针里一起编织下针。

右上3针并1针的下一行／B 色线

05 覆盖针目后的状态。

01 下一行是第 18 行，所以换成 B 色线编织。在前一行（第 17 行）减针后的 1 针里编织挂针和滑针。

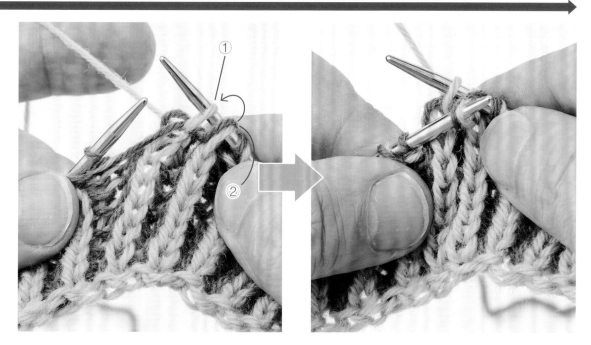

04 在②里插入左针，将其覆盖在①上。

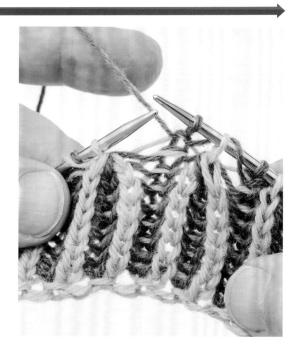

02 下一针在前一行的挂针和滑针里一起编
织上针。

第5步

收针

编织结束后就是收针了。
下面为大家介绍
使用缝针的单罗纹针收针，
一边编织一边做伏针收针，
以及线头的处理方法。

单罗纹针收针

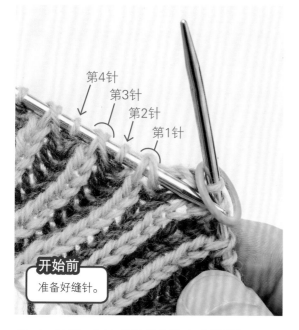

第4针
第3针
第2针
第1针

开始前
准备好缝针。

01 最后一行（收针行）用 A 色线编织。

02 将 B 色线留出 10cm 左右的线头剪断。

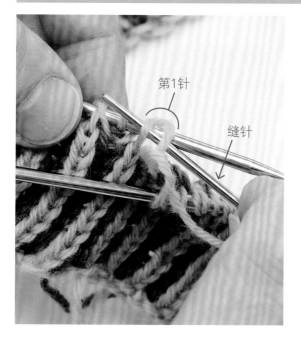

第1针
缝针

03 A 色线留出周长的 2.5 倍左右剪断，将线头穿入缝针。从第 1 针的后面插入缝针，将线拉出。

04 从第 2 针的前面插入缝针，将线拉出。

05 从第1针的前面插入缝针，将线拉出。从左针上取下第1针。

06 从第3针的后面插入缝针，将线拉出。

09 重复步骤 **05~08**。

07 从第 2 针的后面插入缝针，将线拉出。从左针上取下第 2 针。

08 从第 4 针的前面插入缝针，将线拉出。

一边编织一边做伏针收针

01 如箭头所示在第 1 针里编织下针。

02 如箭头所示，在第 2 针里也编织下针。

03 如箭头所示将第 2 针移至左针上。

04 第 1 针也移至左针上。

第3针

步骤 **05** 完成的针目

07 如箭头所示，在第 3 针以及步骤 **05** 完成的针目里插入左针，在 2 针里一起编织下针。

05 如箭头所示，在第 1 针和第 2 针里插入右针，一起编织下针。

06 如箭头所示在第 3 针里编织下针。

08 如箭头所示在下一针里编织下针。

步骤 08 完成的针目

步骤 07 完成的针目

09 在步骤 **07**、**08** 完成的针目里插入左针。

10 在2针里一起编织下针。

11 重复步骤 **06~10**。

03 在起针的最后一针里插入缝针。

04 在若干针目里穿针。

线头的处理方法

开始前
准备好缝针。

01 将编织起点的线头穿入缝针。

02 在第 1 针里插入缝针。

05 将线拉出。

06 剪掉多余的线头。
※ 编织起点以外的线头也按步骤 **04~06** 的方法处理。

重点教程
从顶部开始编织的帽子

下面介绍从顶部开始编织双色双面元宝针帽子的方法。

加针比减针更加简单一点，

所以推荐大家使用这种方法。

请一并参考p.110(或者p.114)的编织图。

⌐ 1针放2针的加针 (p.56)

基础起针法（参照p.10） ··▷

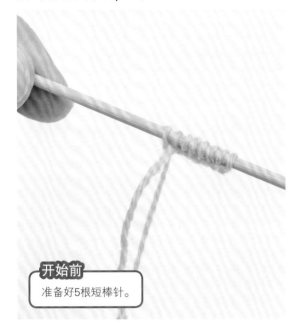

开始前
准备好5根短棒针。

01 按基础起针法起8针。

02 加1根棒针，移过4针。

│ 下针／A色线 ·······································▷

03 再加1根棒针，用3根棒针环形编织下针。

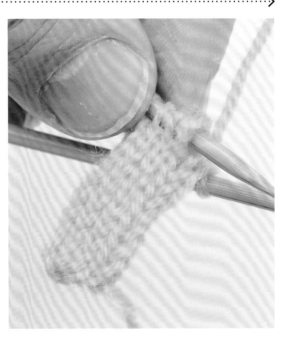

04 编织至第10行的状态。

05 第11行开始加针。在第1针里入针。

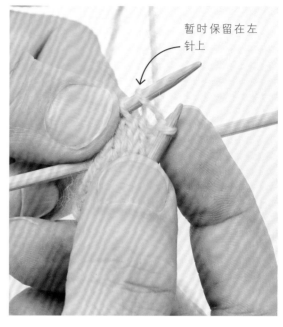

暂时保留在左针上

06 挂线拉出。此时，不要取下左针上的针目。

09 取下左针上的针目。

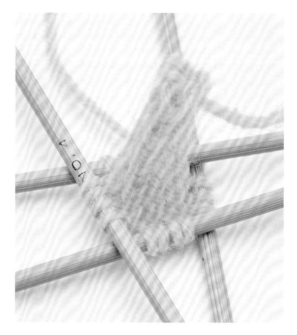

10 重复步骤 **05~09**，加针至16针。再加1根棒针，每根棒针上分到4针。

07 在针目的后面挑针。

08 挂线拉出。

双色双面元宝针编织〔参照p.14〕

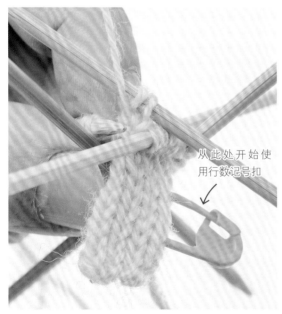

从此处开始使
用行数记号扣

11 双色双面元宝针编织的第1行，第1针编织下针，第2针编织挂针和滑针。重复以上操作，编织1圈。

12 第2行换成B色线。在第1针里编织挂针和滑针。

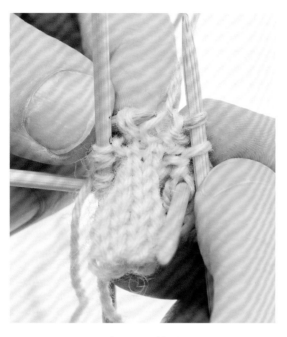

13 第2针在前一行的挂针和滑针里一起编织上针。

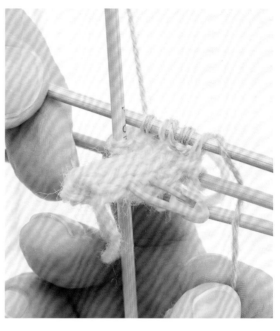

14 重复步骤 **12**、**13**。

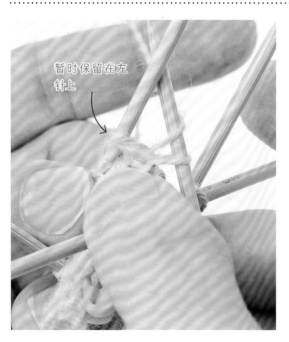

暂时保留在左针上

17 不要取下左针上的针目，编织挂针。

18 紧接着编织下针。

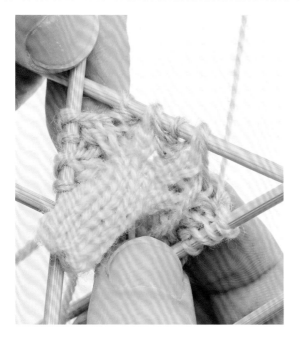

15 第5行换成A色线编织。

16 第1针编织下针。

19 取下左针上的针目。

20 下一针编织挂针和滑针。重复步骤 **16~20**。

21 编织至第 6 行的状态。

22 编织至第 8 行的状态。

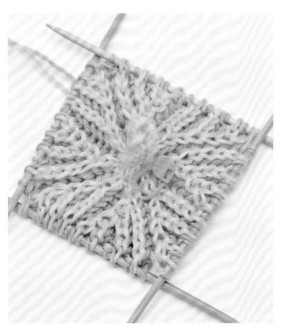

23 按编织图继续编织，每 4 行加一次针。

※ 接下来，从第9行开始请参照 p.110贝雷帽、p.114无檐帽的编织图。

编织作品集

下面为大家介绍
使用环针环形编织的
围脖、斗篷、帽子等作品。
首先用基础的编织方法
挑战一下短款围脖吧。

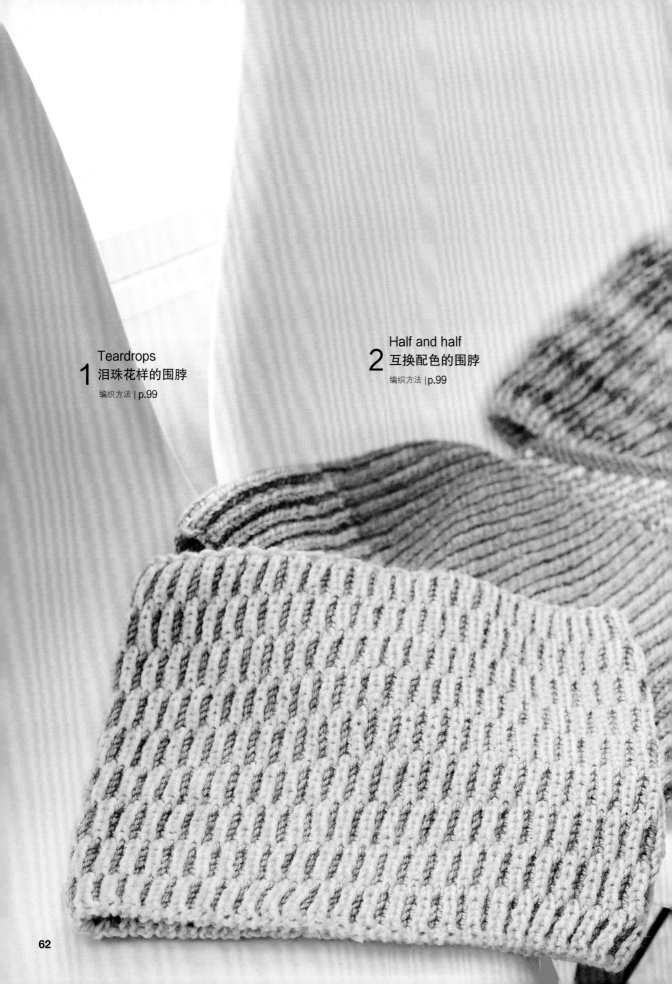

1 Teardrops
泪珠花样的围脖
编织方法 | p.99

2 Half and half
互换配色的围脖
编织方法 | p.99

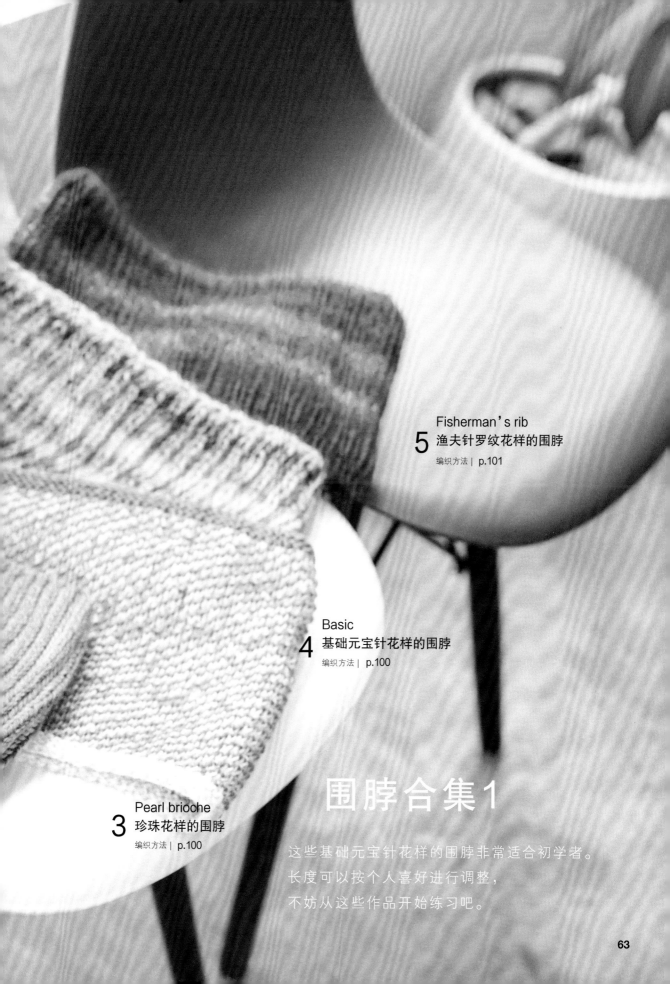

Fisherman's rib

5 渔夫针罗纹花样的围脖

编织方法 | p.101

Basic

4 基础元宝针花样的围脖

编织方法 | p.100

Pearl brioche

3 珍珠花样的围脖

编织方法 | p.100

围脖合集1

这些基础元宝针花样的围脖非常适合初学者。
长度可以按个人喜好进行调整，
不妨从这些作品开始练习吧。

Flower
6 花卉花样的围脖
编织方法 | p.102

Chevron
7 V形花样的围脖（短款）
编织方法 | p.119

Sea wave
8 波纹花样的围脖
编织方法 | p.104

围脖合集2

掌握了基础元宝针花样的围脖后，
就来挑战一下难度稍高的作品吧。
这里汇集了多种雅致的花样可供选择。

Leaf

9 树叶花样的围脖

编织方法 | p.106

Chevron

10 V形花样的围脖（花卉花样）

编织方法 | p.108

Stripes

11 条纹花样的围脖

编织方法 | p.101

5

Fisherman's rib
渔夫针罗纹花样的围脖

完成效果看上去与双色双面元宝
针编织相差无几，但是编织方法更
加简单。这是在英式罗纹针的基础
上改编的作品。

编织方法 | p.101

4

Basic
基础元宝针花样的围脖

这是用段染线编织的基础元宝针
花样的围脖。因为无须每行换线,
非常适合作为双色双面元宝针编
织的第1件作品。

编织方法 | p.100

8

Sea wave
波纹花样的围脖

织物呈现出海浪般的视觉效果。淡雅的色调将花样衬托得格外漂亮，成为整体穿搭的一大亮点。

编织方法 | p.104

11

Stripes
条纹花样的围脖

这是用纯色线和段染线配色编织
的条纹花样围脖。整体设计呈现出
微妙的渐变效果。

编织方法 | p.101

12

Beret
贝雷帽

这款贝雷帽是从顶部开始编织的，
一边编织一边加针。从帽顶看，加
针位置犹如风车一般，呈现出精美
的花样。

编织方法 | p.110

帽子合集

这些都是从顶部开始一边编织一边加针
的帽子。首先从13和14这样的短款作品
试着开始编织吧。

12 Beret
贝雷帽
编织方法 | p.110

15 Beanie
无檐帽
编织方法 | p.112

13 Beanie
无檐帽
编织方法 | p.109

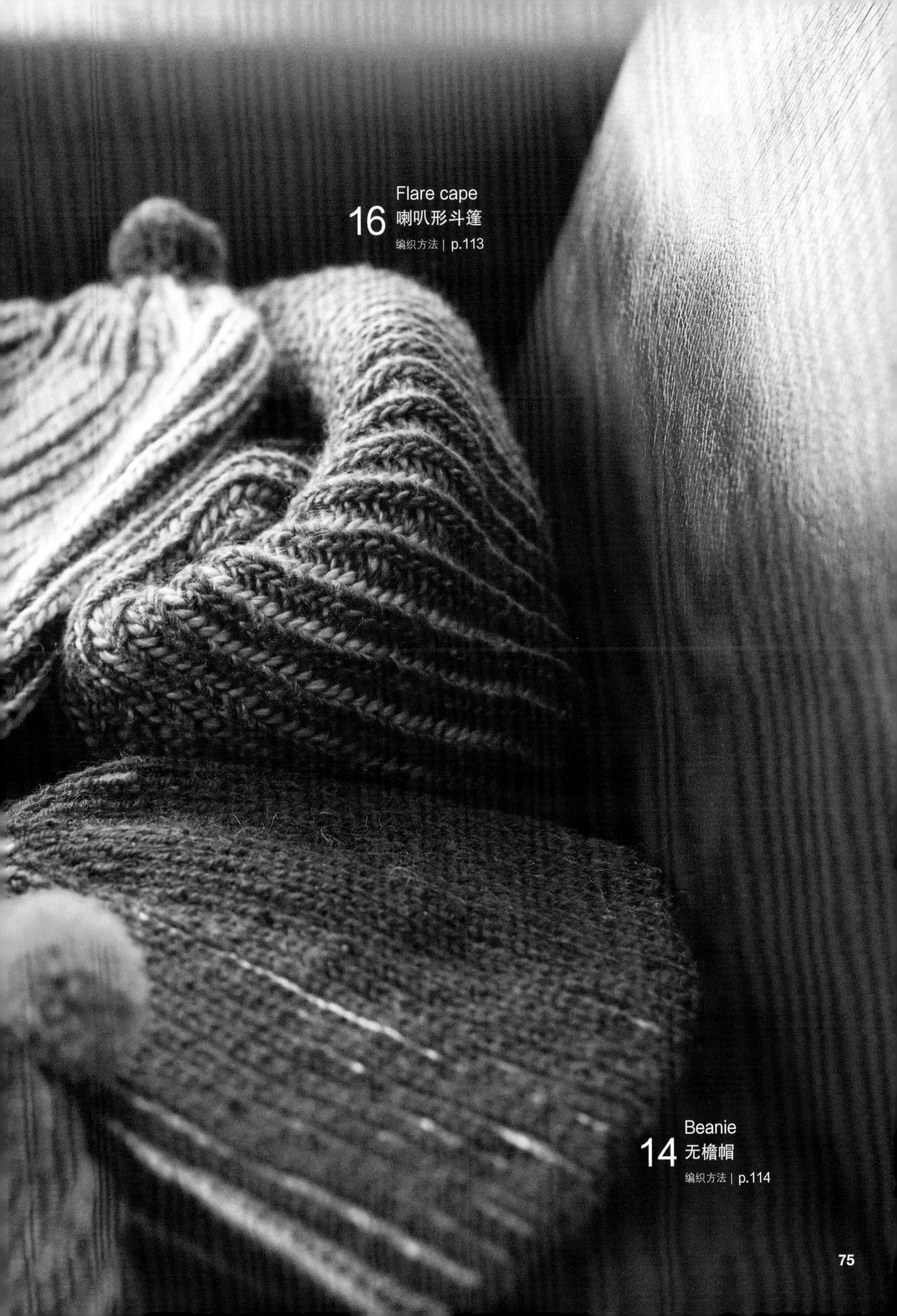

Flare cape
16 喇叭形斗篷
编织方法 | p.113

Beanie
14 无檐帽
编织方法 | p.114

15

Beanie

无檐帽

茶色与蓝色的配色十分可爱。帽身
设计得比较深，也可以将帽口翻折
后佩戴。

编织方法 | p.112

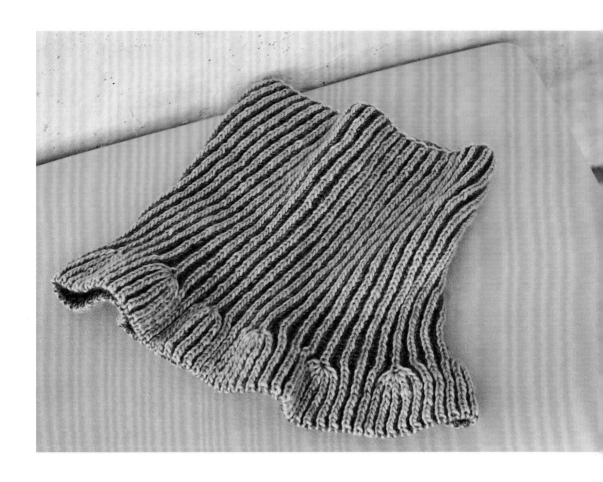

16

Flare cape
喇叭形斗篷

这是与左侧帽子配套的斗篷。下摆
呈喇叭形状，也非常适合与优雅的
装束搭配穿着。

编织方法 | p.113

17

Long cross
长款交叉围脖

这是呈交叉状态的2条围脖。既可以随意地直接套在脖子上，也可以绕成2圈，能同时欣赏到4种配色效果。

编织方法 | p.115

18

Classic shawl
经典款式的披肩

这款披肩的树叶花样令人印象深刻。既厚实又保暖，套在大衣外面也很时尚。

编织方法 | p.116

19

Chevron
V形花样的围脖（长款）

这是V形花样的围脖。在脖子上绕2圈，厚实感恰到好处。与很多服饰都能搭配是这款作品的魅力所在。

编织方法 | p.118

20

Sea wave

波纹花样的围脖

这款围脖的波纹花样比作品8更小一点。如果A色线用段染线，B色线用纯色线，可以打造出不同的视觉效果。

编织方法 | p.120

突出 A 色线的正面

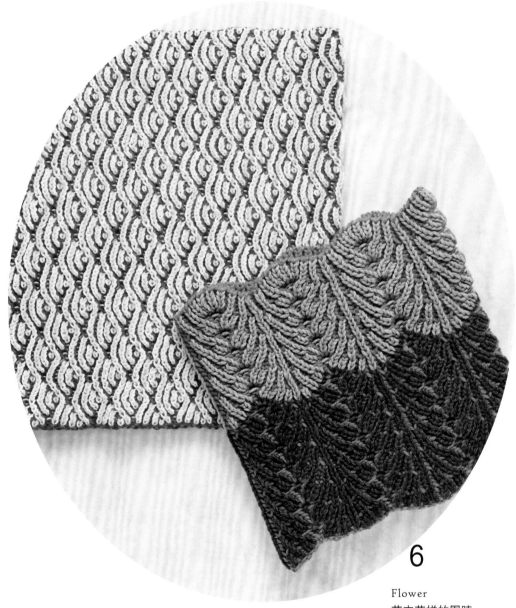

6

Flower
花卉花样的围脖

这是一款花卉花样的围脖。A色线
用1种颜色，B色线用2种颜色，可以
表现出3种配色效果。

编织方法 | p.102

21

Leaf
树叶花样的发带

小巧的树叶花样让人过目难忘。编织
得稍微宽一点，更具存在感，还可以
为穿搭增添一抹亮色。

编织方法 | p.122

22

Wallclock
挂钟

这是一款装饰性挂钟，编织方法与
从顶部开始编织的帽子相同。按个
人喜好用不织布或塑料等材料加上
数字，实用性更强。

编织方法 | p.124

23

Candy cushion
糖果造型的抱枕

这款抱枕用3种颜色的线编织而成。如果只将一端缝合，还可以当作长款的枕套，应该会非常实用。

编织方法 | p.126

24

Flare cape
喇叭形斗篷

作品16是1针放9针的加针，而这款
作品是1针放5针的加针。如果喜欢
更细致、柔美一点的喇叭形设计，
不妨试试这一款。

编织方法 | p.127

2

Half and half
互换配色的围脖

这是在中途交换A色线与B色线
编织的围脖。独特之处是在一
面就可以欣赏到双面的配色效
果。

编织方法 | p.99

Happy Knitting :)

第3部分

作品的编织方法

＜编织图的看法＞

编织图使用了接近编织线的颜色。一般情况下，奇数行使用 A 色线，偶数行使用 B 色线。不过，也有一些作品例外，请仔细确认编织图后再进行编织。编织图的看法详见 p.9。

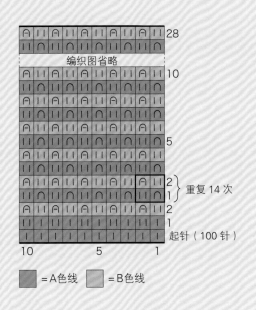

编织图省略

重复 14 次

起针（100 针）

 ▨ ＝A色线　　▨ ＝B色线

＜本书使用的针法符号＞

包括最基础的下针和上针在内，本书使用的针法符号一共有11种，详见 p.14~60。

| Ｉ | 下针 |

| 一 | 上针 |

| ＩＩ | 挂针和滑针 |

| ∩ | 正拉针 |

| ∧ | 反拉针 |

| 木 | 左上3针并1针 |

| 人 | 右上3针并1针 |

| Ｖ | 1针放2针的加针 |

| Ｉ○Ｉ | 1针放3针的加针 |

| Ｉ○Ｉ○Ｉ | 1针放5针的加针 |

| Ｉ○Ｉ○Ｉ○Ｉ○Ｉ | 1针放9针的加针 |

1 Teardrops / 泪珠花样的围脖　　　　p.62

［线］RICH MORE Percent A：橘黄色（102）40g；B：蓝灰色（24）40g

［针］5号环针，缝针

［编织密度］10cm×10cm面积内：编织花样16针，47行

［成品尺寸］参照图示

［制作方法］
①用A色线起100针，然后按编织图与B色线交替编织100行。
②编织结束时，用缝针做单罗纹针收针。

2 Half and half / 互换配色的围脖　　　　p.62、94

［线］SCHOPPEL Zauberwolle Yellow Filter（2306）100g

［针］3号环针，缝针

［编织密度］10cm×10cm面积内：编织花样18针，47行

［成品尺寸］参照图示

［制作方法］
A色线从毛线团的外侧拉出，B色线从毛线团的内侧拉出。
①用A色线起110针，然后按编织图编织118行。
②编织结束时，用缝针做单罗纹针收针。

1

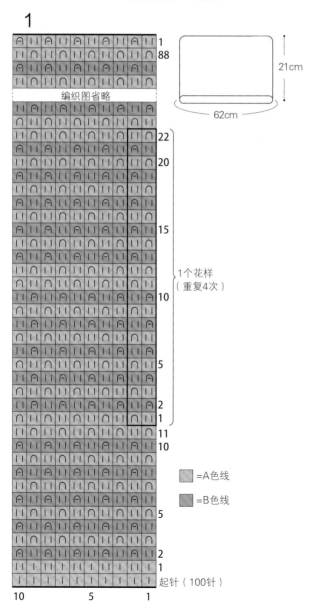

21cm

62cm

88
22
20
15
10
5
2
1

1个花样（重复4次）

11
10
5
2
1

□=A色线

■=B色线

起针（100针）

10　5　1

2

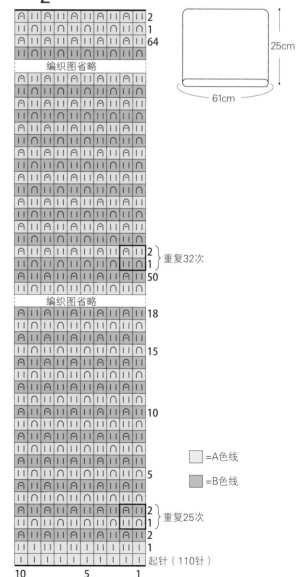

25cm

61cm

2
1
64

2
1
50　重复32次

18
15
10
5
2
1　重复25次
2
1

□=A色线

■=B色线

起针（110针）

10　5　1

3 Pearl brioche / 珍珠花样的围脖　　　　p.63

[线] RICH MORE Percent A：象牙白色（3）40g；B：
水蓝色（111）40g
[针] 5号环针，缝针
[编织密度] 10cm×10cm 面积内：编织花样18针，
49.5行
[成品尺寸] 参照图示

[制作方法]
①用A色线起122针，然后按编织图与B色线交替编
织109行。
②编织结束时，一边编织一边做伏针收针。

4 Basic / 基础元宝针花样的围脖　　　　p.63、67

[线] RICH MORE Bacara Epoch 黑色系（214）80g
[针] 7号环针，缝针
[编织密度] 10cm×10cm 面积内：编织花样15针，
36.5行
[成品尺寸] 参照图示

[制作方法]
①起100针，然后按编织图编织62行。
②编织结束时，用缝针做单罗纹针收针。

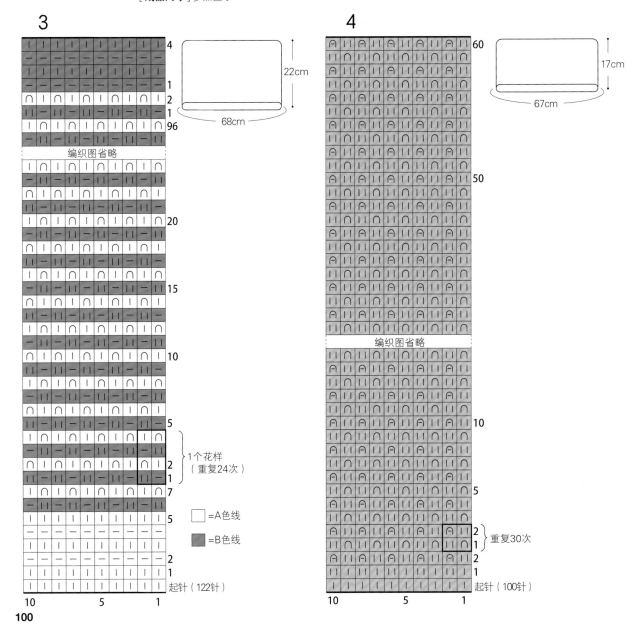

5 Fisherman's rib /渔夫针罗纹花样的围脖　　p.63、66

[线] RICH MORE Bacara Epoch 红色系(263)80g
[针] 7号环针, 缝针
[编织密度]10cm×10cm面积内：编织花样19针, 36行
[成品尺寸]参照图示

[制作方法]
①起120针, 然后按编织图编织61行。
②编织结束时, 用缝针做单罗纹针收针。

11 Stripes / 条纹花样的围脖　　p.65、70

[线] YANAGIYARN A：幸(Sachi)嫩芽色(7)100g；
SCHOPPEL B：Zauber Perlen Bass(2417)100g
[针] 2号环针, 缝针
[编织密度]10cm×10cm面积内：编织花样22针,
64.5行
[成品尺寸]参照图示

[制作方法]
B色线＊从颜色最深的小线团开始, 每完成1组花样换
1个小线团, 由深至浅依次换色编织。
①用A色线起130针, 然后按编织图与B色线交替编织
194行。
②编织结束时, 用缝针做单罗纹针收针。

＊ B色线由7种颜色的渐变小线团组成。

5

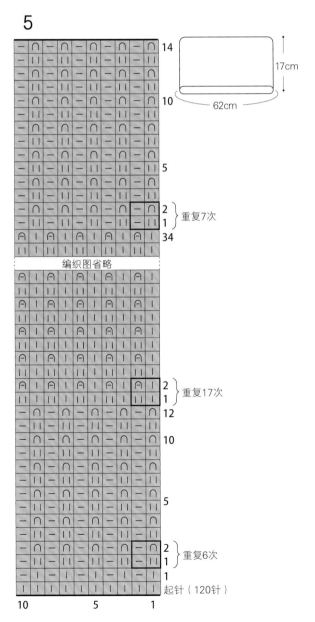

17cm
62cm

重复7次
编织图省略
重复17次
重复6次
起针（120针）

11

30cm
59cm

重复12次
编织图省略
1个花样
重复3次
重复12次
编织图省略
重复11次
编织图省略
起针（130针）

□=A色线
▨=B色线

6 Flower ╱ 花卉花样的围脖

p.64、87

［线］RICH MORE Spectre Modem A：橘黄色（27）80g；B-1：深灰色（56）40g；B-2：浅灰色（57）30g

［针］8号环针，缝针

［编织密度］10cm×10cm面积内：编织花样21针，34行

［成品尺寸］参照图示

［制作方法］

①用A色线起126针，然后一边加减针一边与B-1色线交替编织56行，接着按图解与B-2色线交替编织40行。

②编织结束时，用缝针做单罗纹针收针。

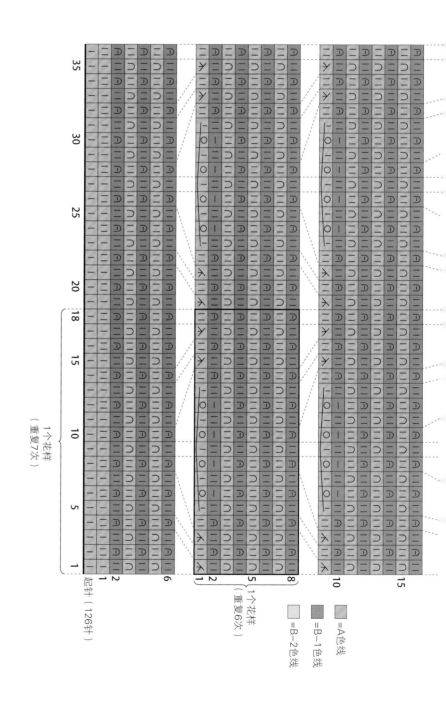

=A色线
=B-1色线
=B-2色线

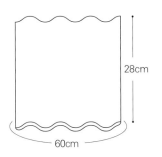

28cm

60cm

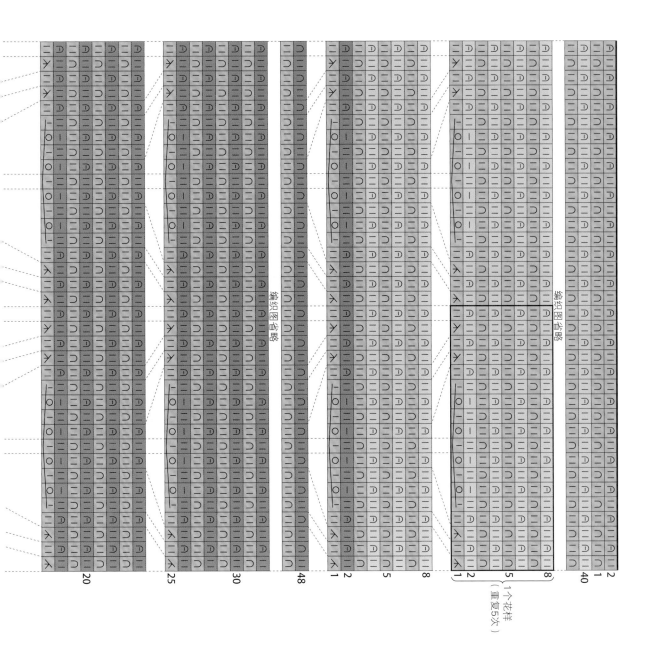

编织图省略

编织图省略

1个花样
（重复5次）

20　25　30　48　1　2　5　8　1　2　5　8　40　1　2

8 Sea wave / 波纹花样的围脖

p.64、68

［线］YANAGIYARN Bloom A：粉红色（21）
40g；B：灰色（14）40g

［针］5号环针，缝针

［编织密度］ 10cm×10cm面积内：编织花样18
针，42.5行

［成品尺寸］参照图示

［制作方法］

①用A色线起100针，然后一边加减针，一边按编织图
与B色线交替编织108行。

②编织结束时，用缝针做单罗纹针收针。

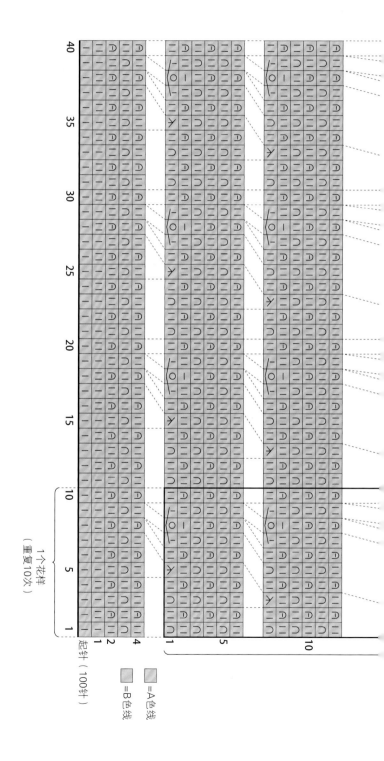

=A色线

=B色线

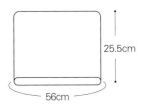

25.5cm

56cm

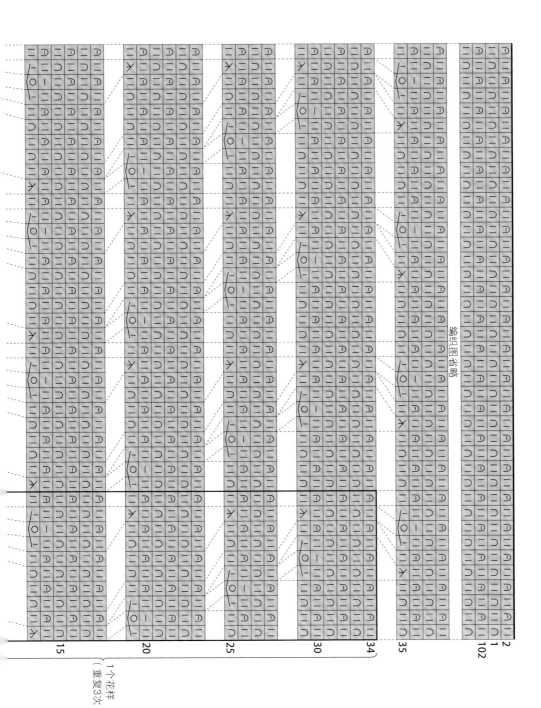

编织图省略

15　20　25　30　34　35　1 102 2

1个花样
（重复3次）

9 Leaf / 树叶花样的围脖

[线] RICH MORE Percent A：黄绿色（109）
40g；B：象牙白色（3）40g

[针] 5号环针，缝针

[编织密度] 10cm×10cm面积内：编织花样23
针，42行

[成品尺寸] 参照图示

[制作方法]

①用A色线起120针，然后一边加减针，一边按编织图
与B色线交替编织84行。

②编织结束时，用缝针做单罗纹针收针。

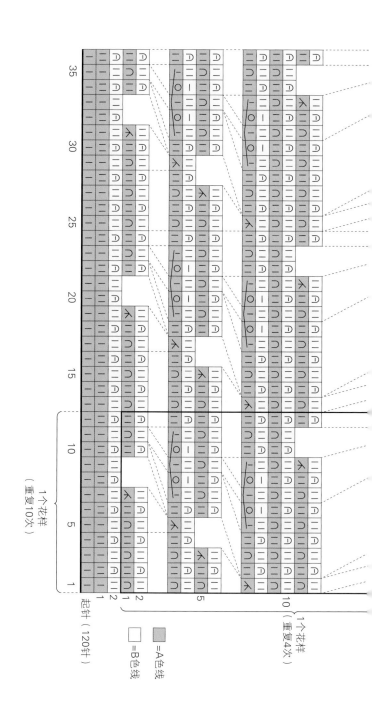

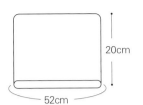

20cm

52cm

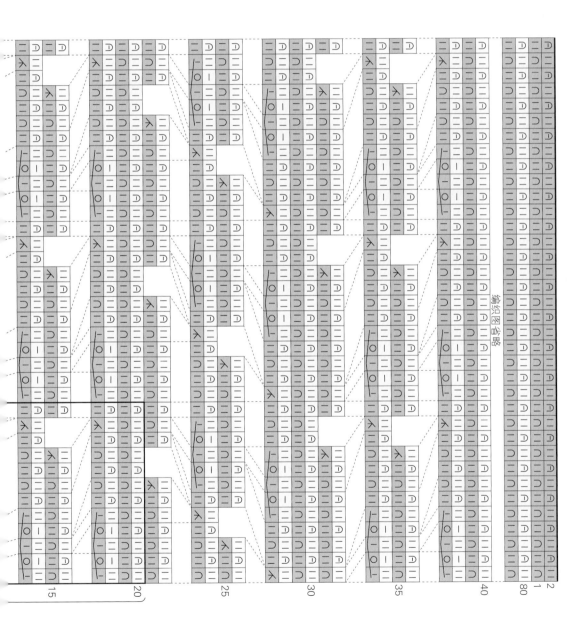

编织图省略

15　20　25　30　35　40　80　1　2

10 Chevron／V形花样的围脖（花卉花样）

p.65

［线］RICH MORE Percent A：黑色（90）
40g；B：浅灰色（121）40g

［针］5号环针，缝针

［编织密度］10cm×10cm面积内：编织花样25.5
针，44.5行

［成品尺寸］参照图示

［制作方法］

①用A色线起144针，然后一边加减针，一边按编织
图与B色线交替编织80行。

②编织结束时，用缝针做单罗纹针收针。

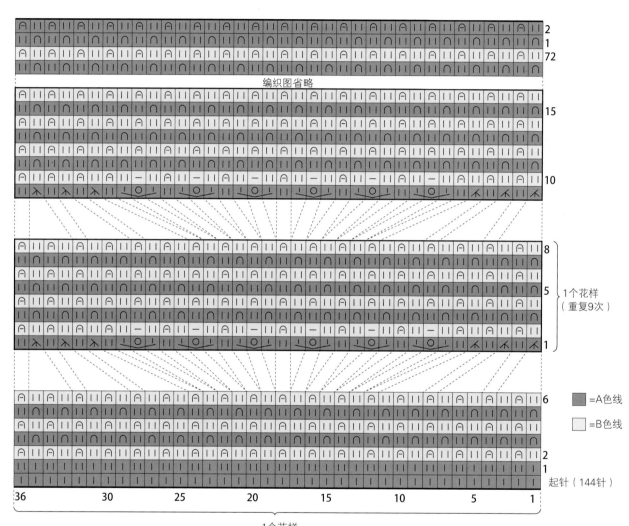

编织图省略

1个花样
（重复9次）

■=A色线
□=B色线

起针（144针）

1个花样
（重复4次）

18cm

56cm

108

13 Beanie / 无檐帽

p.74

［线］RICH MORE Percent A：深粉色（75）
30g；B：水蓝色（108）30g
［针］5号环针，5根一组的短棒针，缝针
［其他］和麻纳卡（HAMANAKA）小绒球制作
器，直径3.5cm
［编织密度］10cm×10cm面积内：编织花样18
针，48行
［成品尺寸］参照图示

［制作方法］
①用短棒针和A色线起10针，然后一边加针一边与B
色线交替编织30行。接着将针目移至环针上，无须加
针继续编织62行。
②编织结束时，用缝针做单罗纹针收针。
③用B色线在小绒球制作器的两边各绕100圈，制作小
绒球，缝在帽子的顶部。

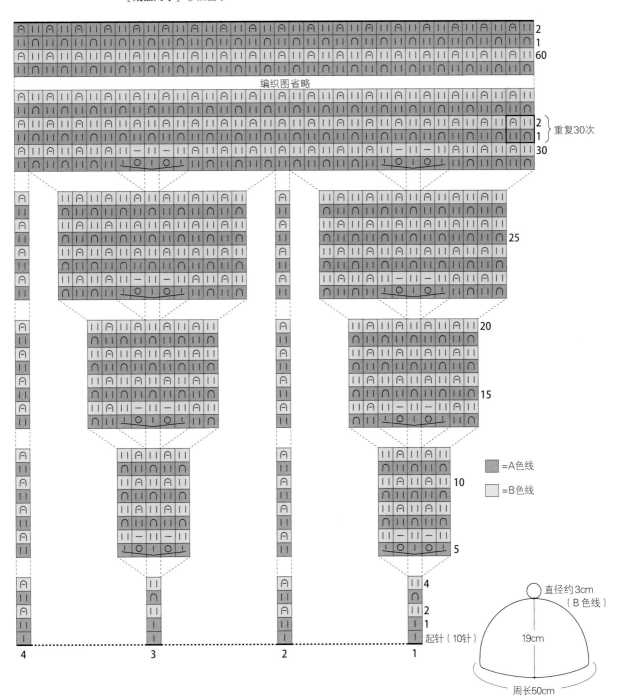

12 Beret / 贝雷帽

p.73、74

［线］RICH MORE Percent A：砖红色（117）40g；B：灰棕色（125）40g

［针］5号环针，5根一组的短棒针，缝针

［编织密度］10cm×10cm面积内：编织花样18针，48行

［成品尺寸］参照图示

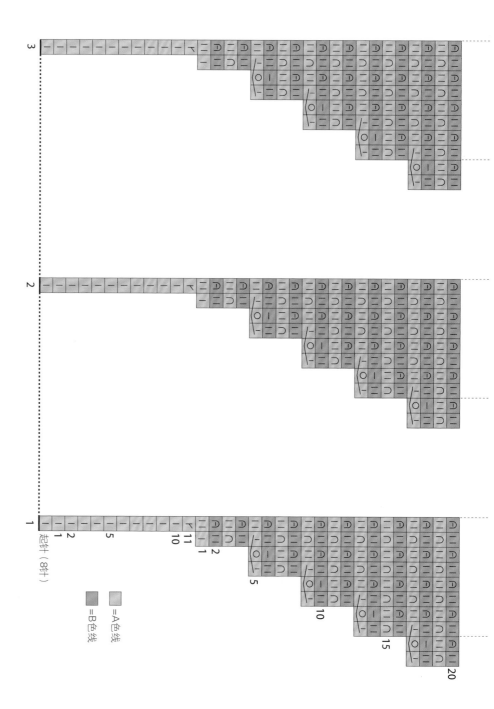

[制作方法]

①用短棒针和A色线起8针，编织顶部的小装饰。从第12行开始，一边加针一边与B色线交替编织30行，然后将针目移至环针上，无须加针继续编织52行。

②编织结束时，用缝针做单罗纹针收针。

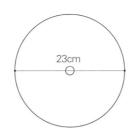

23cm

3cm

15cm

周长71cm　3.5cm

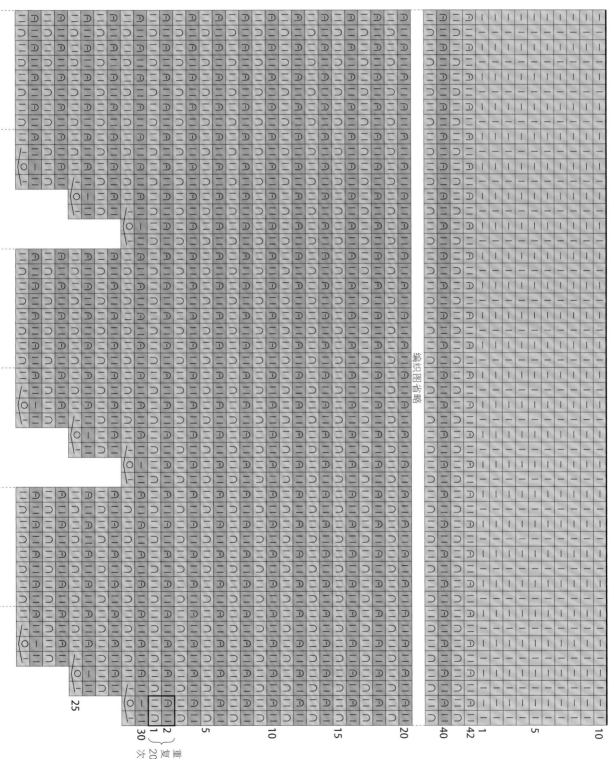

编织图省略

25

30　1　2　5　10　15　20

40　42　1　5　10

重复20次

15 Beanie / 无檐帽

p.74、76

[线] YANAGIYARN Bloom A：蓝色（19）
50g；B：茶色（20）50g
[针] 5号环针，5根一组的短棒针，缝针
[其他] 和麻纳卡（HAMANAKA）小绒球制作
器，直径3.5cm
[编织密度] 10cm×10cm面积内：编织花样16.5
针，45行
[成品尺寸] 参照图示

[制作方法]
①用短棒针和A色线起6针，然后一边加针一边与B
色线交替编织24行。接着将针目移至环针上，无须
加针继续编织98行。
②编织结束时，用缝针做单罗纹针收针。
③用B色线在小绒球制作器的两边各绕100圈，制作
小绒球，缝在帽子的顶部。

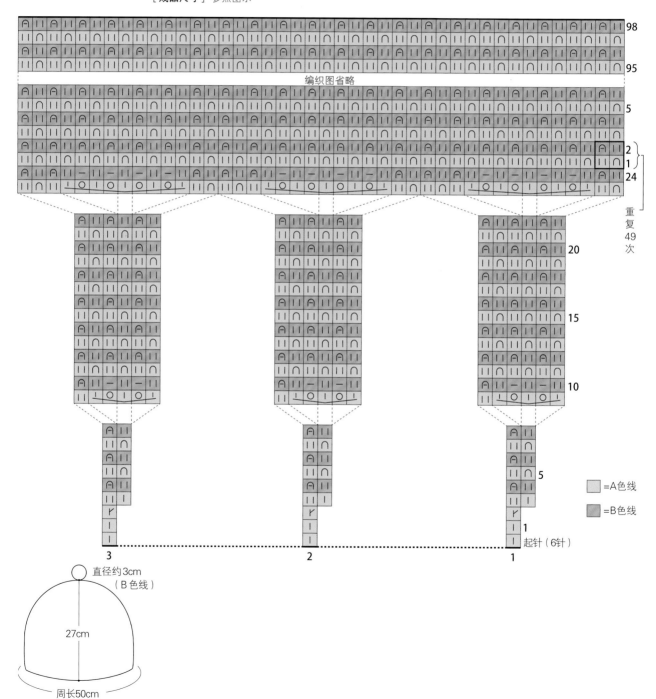

16 Flare cape /喇叭形斗篷

［线］YANAGIYARN Bloom A：蓝色（19）
100g；B：茶色（20）100g
［针］5号环针，缝针
［编织密度］10cm×10cm面积内：编织花样16.5
针，45行
［成品尺寸］参照图示

［制作方法］
①用A色线起104针，然后一边加针一边按编织图与
B色线交替编织122行。接着无须加针继续编织22
行。
②编织结束时，用缝针做单罗纹针收针。

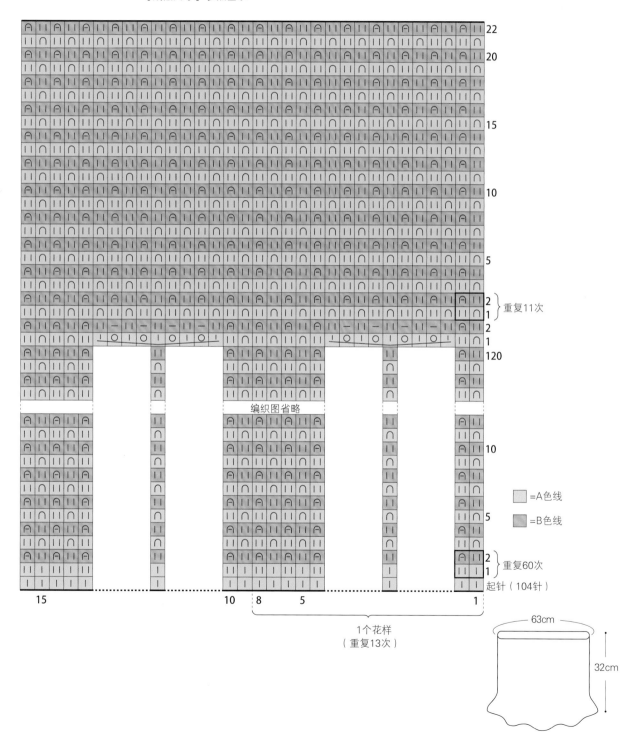

□ =A色线
■ =B色线

重复11次
重复60次
起针（104针）
1个花样
（重复13次）

63cm
32cm

113

14 Beanie / 无檐帽

p.75

［线］RICH MORE　Percent　A：藏青色（28）
40g；B：浅灰色（121）40g

［针］5号环针，5根一组的短棒针，缝针

［编织密度］10cm×10cm面积内：编织花样18
针，46行

［成品尺寸］参照图示

［制作方法］

①用短棒针和A色线起8针，编织顶部的小装饰。
从第12行开始，一边加针一边与B色线交替编织22
行，然后将针目移至环针上，无须加针继续编织70
行。

②编织结束时，用缝针做单罗纹针收针。

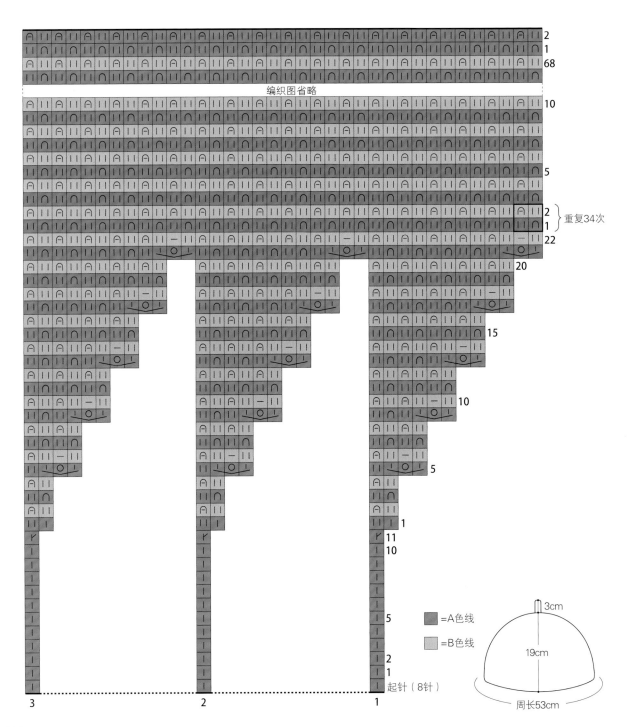

编织图省略

重复34次

=A色线

=B色线

3cm

19cm

周长53cm

起针（8针）

114

17 Long cross / 长款交叉围脖

p.81

[线]RICH MORE Spectre Modem

第1条 / A：青紫色（33）40g；B：浅灰色（57）40g

第2条 / A：灰色（56）40g；B：红色（31）40g

[针]8号环针，缝针

[编织密度]10cm×10cm面积内：编织花样15针，40行

[成品尺寸]参照图示

[制作方法]

①编织第1条。用A色线起210针，然后按编织图与B色线交替编织30行。

②编织结束时，用缝针做单罗纹针收针。

③编织第2条。用A色线起210针，穿过第1条连接成环形，接着按编织图与B色线交替编织30行。

④编织结束时，用缝针做单罗纹针收针。

〈第1条〉

〈第2条〉

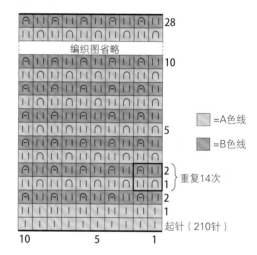

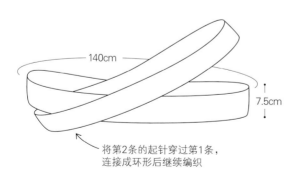

将第2条的起针穿过第1条，
连接成环形后继续编织

18　Classic shawl／经典款式的披肩

p.83

[线] RICH MORE　Spectre Modem　A：紫色（20）
140g；B：象牙白色（2）140g

[针] 8号环针，缝针

[编织密度] 10cm×10cm面积内：编织花样17针，
34行

[成品尺寸] 参照图示

[制作方法]

①用A色线起120针，然后一边加减针，一边按编织
图与B色线交替编织158行。

②编织结束时，用缝针做单罗纹针收针。

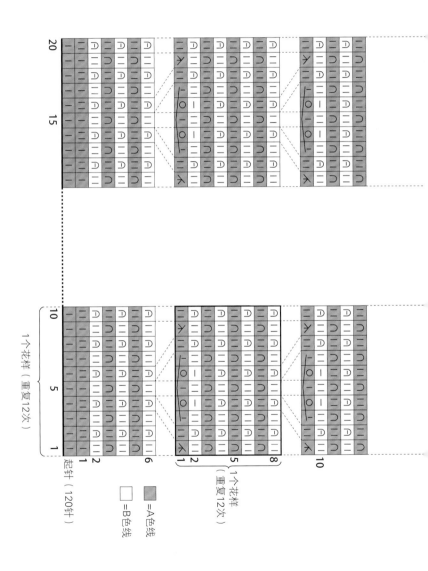

作品的编织方法

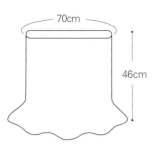

70cm

46cm

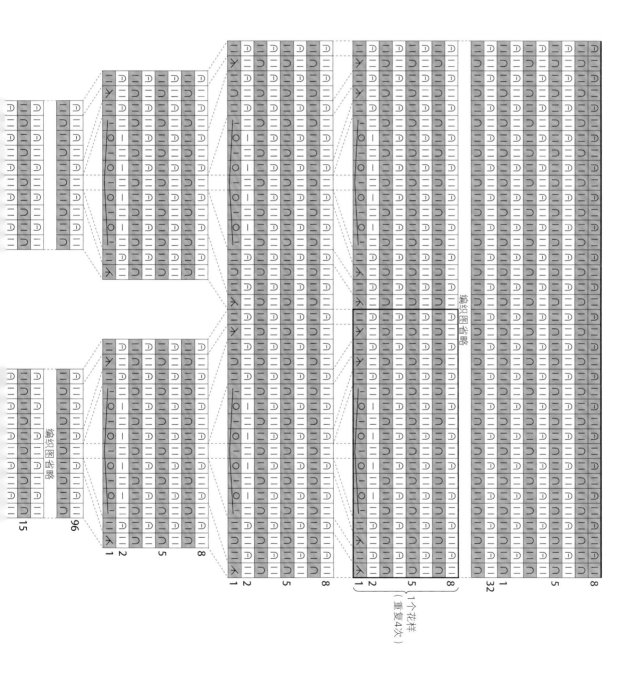

编织图省略

编织图省略

1个花样
(重复4次)

编织图省略

117

19 Chevron / V形花样的围脖（长款）

p.85

［线］RICH MORE Percent A：水蓝色（22）
120g；B：蓝绿色（25）120g
［针］5号环针，缝针
［编织密度］10cm×10cm面积内：编织花样25.5
针，46行
［成品尺寸］参照图示

［制作方法］
①用A色线起336针，然后一边加减针，一边按编织图
与B色线交替编织106行。
②编织结束时，用缝针做单罗纹针收针。

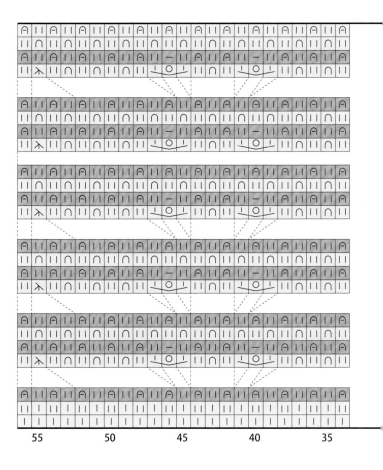

| 55 | 50 | 45 | 40 | 35 |

作品 **19**

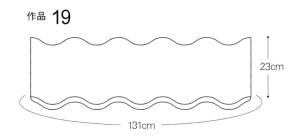

23cm

131cm

7 Chevron / V形花样的围脖（短款）

p.64

［线］ RICH MORE　A：Percent 灰色（122）
60g；B：Bacara Epoch 粉红色系（267）60g
［针］6号环针，缝针
［编织密度］ 10cm×10cm面积内：编织花样20
针，40行
［成品尺寸］ 参照图示

［制作方法］
①用A色线起140针，然后一边加减针，一边按编织
图与B色线交替编织82行（参照下图）。
②编织结束时，用缝针做单罗纹针收针。

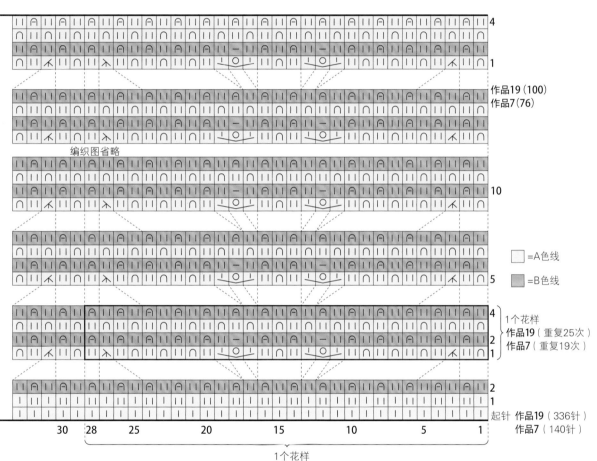

作品19（100）
作品7（76）

编织图省略

10

5

□ =A色线
■ =B色线

4
1个花样
作品19（重复25次）
2　作品7（重复19次）
1

2
1
起针 作品19（336针）
作品7（140针）

30　28　25　20　15　10　5　1

1个花样
作品19（重复12次）
作品7（重复5次）

作品 7

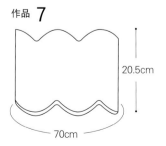

20.5cm

70cm

20 Sea wave / 波纹花样的围脖

［线］SCHOPPEL Zauberwolle, Admiral 6 A：红色（1874）120g；B：象牙白色（980）120g
［针］3号环针，缝针
［编织密度］10cm×10cm面积内：编织花样22针，52.5行
［成品尺寸］参照图示

［制作方法］
①用A色线起160针，然后一边加减针，一边按编织图与B色线交替编织210行。
②编织结束时，用缝针做单罗纹针收针。

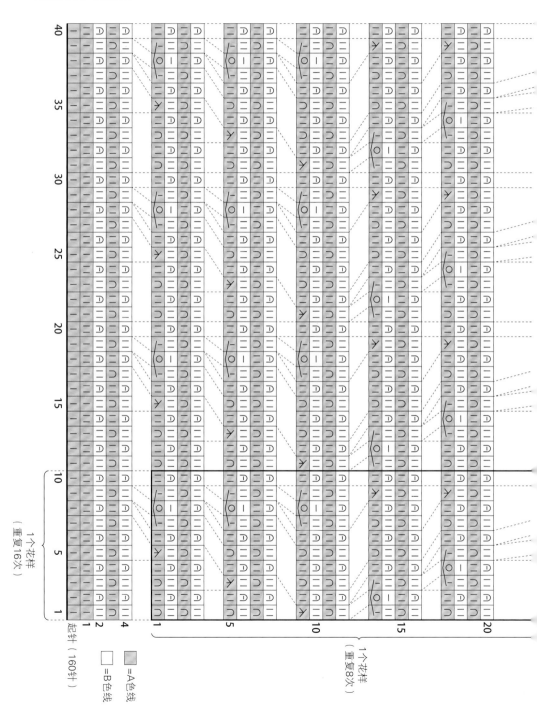

1个花样
（重复16次）

起针（160针）

1个花样
（重复8次）

□ ＝B色线
▨ ＝A色线

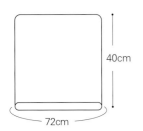

40cm

72cm

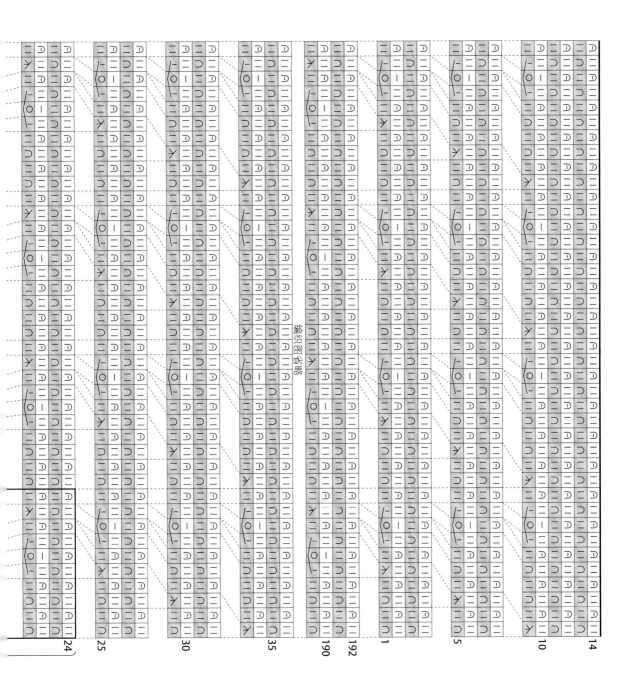

编织图省略

24
25
30
35
190
192
1
5
10
14

21 Leaf / 树叶花样的发带

［线］RICH MORE Percent A：象牙白色（3）
30g；B：红茶色（7）30g

［针］5号环针，缝针

［编织密度］10cm×10cm面积内：编织花样23
针，42行

［成品尺寸］参照图示

［制作方法］

①用A色线起120针，然后一边加减针，一边按编织
图与B色线交替编织52行。

②编织结束时，用缝针做单罗纹针收针。

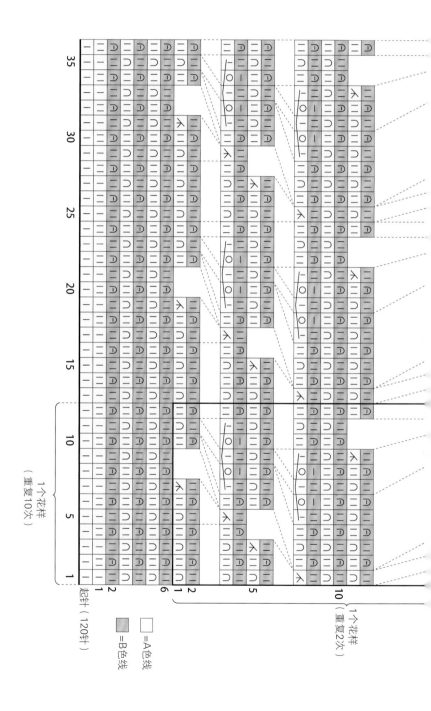

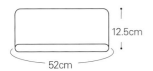

12.5cm

52cm

15　　　　　20　　　　　25　　　　　30　　　　　35　　　　　40　1　6

22 Wallclock / 挂钟

p.92

［线］SCHOPPEL Life Style A：灰色（8911）50g；B：黄色（6860）50g

［针］5号环针，5根一组的短棒针，缝针

［其他］挂钟机芯配件，瓦楞纸等厚纸板1张

［编织密度］10cm×10cm面积内：编织花样23针，38行

［成品尺寸］参照图示

［制作方法］

①用短棒针和A色线起12针，然后一边加针一边与B色线交替编织55行。接着用B色线一边减针一边编织10行单罗纹针。

※在第30行左右将针目移至环针上。

②编织结束时，一边编织一边做伏针收针。

③参照"挂钟机芯配件的安装方法"，将织物套在厚纸板上，安装好机芯配件。

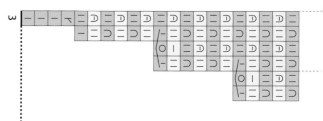

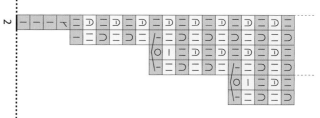

挂钟机芯配件的安装方法

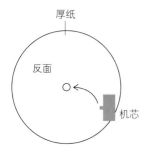

①将厚纸板裁剪成直径27cm左右的圆形，用锥子等工具在正中心戳出小孔，插入机芯。

②将织物套在厚纸板的正面，插入指针，与机芯组装在一起。

※安装方法因厂商而异，具体请参照说明书。

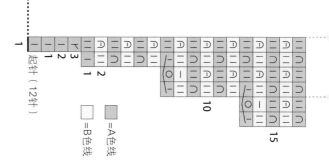

从反面看到的挂钟

27cm

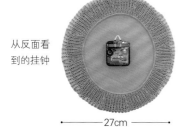

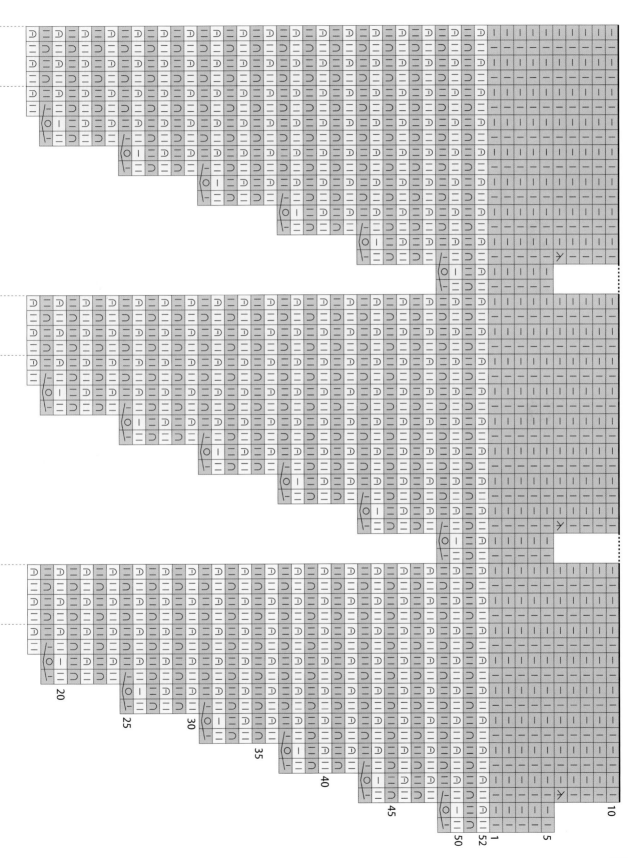

23 Candy cushion / 糖果造型的抱枕

［线］ RICH MORE　Percent　A：藏青色（28）
80g；B：浅绿色（36）80g；C：水蓝色（40）40g
［针］ 5号环针，缝针
［其他］ 长40cm、横截面周长50cm的圆筒形枕
芯，宽5mm的彩绳（藏青色）1m×2根
［编织密度］ 10cm×10cm面积内：编织花样16
针，43行
［成品尺寸］ 参照图示

［制作方法］
①用A色线起74针，按编织图一边配色一边编织342
行。
②编织结束时，一边编织一边做伏针收针。
③塞入枕芯，用彩绳在左、右两端15cm处扎紧。

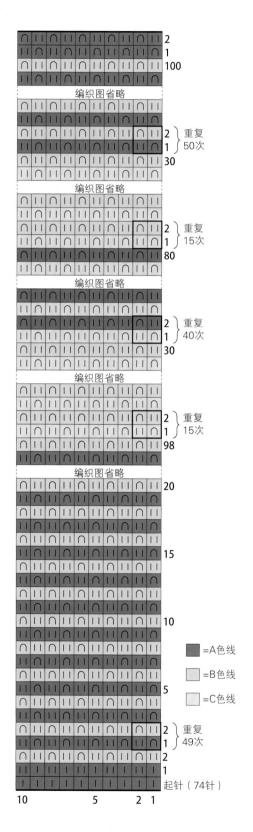

編織圖省略

重复 50次
重复 15次
重复 40次
重复 15次
重复 49次

起針（74針）

□ =A色线
□ =B色线
□ =C色线

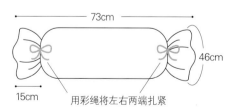

73cm

46cm

15cm

用彩绳将左右两端扎紧

24 Flare cape / 喇叭形斗篷

p.94

［线］YANAGIYARN Bloom A：藏青色（13）90g；B：砖红色（18）90g
［针］5号环针，缝针
［编织密度］10cm×10cm面积内：编织花样16针，44行
［成品尺寸］参照图示

［制作方法］
①用A色线起120针，然后按编织图与B色线交替编织130行。接着按编织图一边加针一边编织24行。
②编织结束时，用缝针做单罗纹针收针。

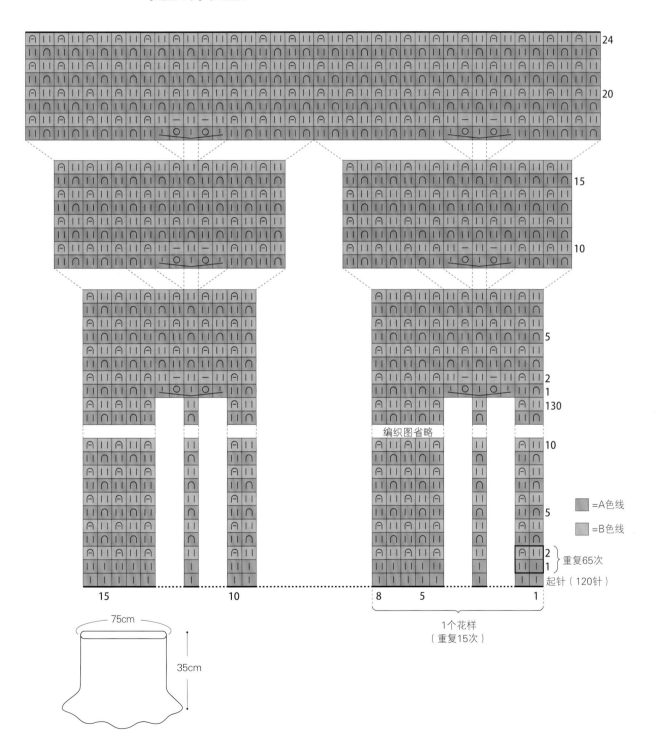

=A色线
=B色线

重复65次
起针（120针）

编织图省略

1个花样
（重复15次）

75cm

35cm

贝恩德·凯斯特勒
（Bernd Kestler）

出生于德国的编织设计师。12岁开始自学编织。1998年到日本，先后在日本各地的编织教室担任讲师。还通过编织积极参与社会活动，比如在东日本大地震时，为了鼓舞受灾群众曾发起过名为"Knit for Japan"（为日本编织）的募捐活动。他喜欢骑车，外出旅行时也不忘随身携带编织工具。著作颇丰，已出版《贝恩德·凯斯特勒螺旋状花样的袜子》《环形编织的莫比乌斯围脖》《贝恩德·凯斯特勒上针下针编织花样120》（后两本书的中文简体版已由河南科学技术出版社引进出版）等书。

版权所有，翻印必究

备案号：豫著许可备字-2022-A-0035

图书在版编目（CIP）数据

简单易懂的双色双面元宝针编织 / (德) 贝恩德·凯斯特勒著；蒋幼幼译. —郑州：河南科学技术出版社，2023.11

ISBN 978-7-5725-1333-6

Ⅰ.①简⋯　Ⅱ.①贝⋯　②蒋⋯　Ⅲ.①毛衣针-绒线-编织　Ⅳ.①TS935.522

中国国家版本馆CIP数据核字（2023）第198756号

出版发行：河南科学技术出版社
　　　　　地址：郑州市郑东新区祥盛街27号　　邮编：450016
　　　　　电话：（0371）65737028　　65788613
　　　　　网址：www.hnstp.cn
责任编辑：仝广娜
责任校对：耿宝文
封面设计：张　伟
责任印制：张艳芳
印　　刷：北京盛通印刷股份有限公司
经　　销：全国新华书店
开　　本：787 mm×1 092 mm　1/16　印张：8　字数：181千字
版　　次：2023年11月第1版　　2023年11月第1次印刷
定　　价：59.00元

如发现印、装质量问题，影响阅读，请与出版社联系并调换。